認定書籍

LPI
公式認定

# Web Development Essentials 合格テキスト&問題集

川井 義治／岡田 賢治 著

日本能率協会マネジメントセンター

# 本書の内容に関するお問い合わせについて

平素は日本能率協会マネジメントセンターの書籍をご利用いただき、ありがとうございます。

弊社では、皆様からのお問い合わせへ適切に対応させていただくため、以下①～④のようにご案内いたしております。

### ①お問い合わせ前のご案内について

現在刊行している書籍において、すでに判明している追加・訂正情報を、弊社の下記 Web サイトでご案内しておりますのでご確認ください。

https://www.jmam.co.jp/pub/additional/

### ②ご質問いただく方法について

①をご覧いただきましても解決しなかった場合には、お手数ですが弊社 Web サイトの「お問い合わせフォーム」をご利用ください。ご利用の際はメールアドレスが必要となります。

https://www.jmam.co.jp/inquiry/form.php

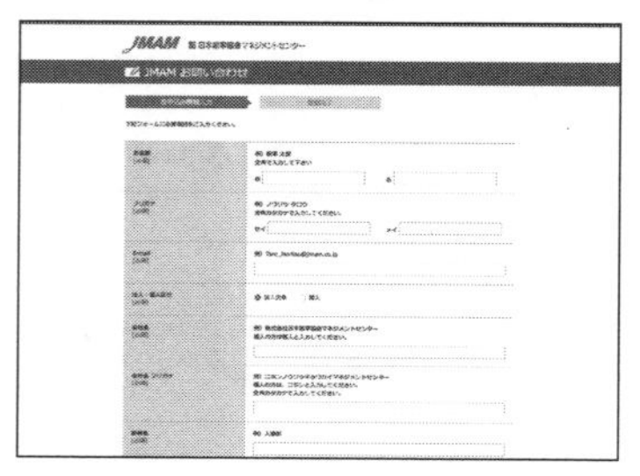


なお、インターネットをご利用ではない場合は、郵便にて下記の宛先までお問い合わせください。電話、FAX でのご質問はお受けいたしておりません。

〈住所〉　〒 103-6009　東京都中央区日本橋 2-7-1　東京日本橋タワー 9F

〈宛先〉　㈱日本能率協会マネジメントセンター　出版事業本部　出版部

### ③回答について

回答は、ご質問いただいた方法によってご返事申し上げます。ご質問の内容によっては弊社での検証や、さらに外部へ問い合わせることがございますので、その場合にはお時間をいただきます。

### ④ご質問の内容について

おそれいりますが、本書の内容に無関係あるいは内容を超えた事柄、お尋ねの際に記述箇所を特定されていないもの、読者固有の環境に起因する問題などのご質問にはお答えできません。資格・検定そのものや試験制度等に関する情報は、各運営団体へお問い合わせください。

また、著者･出版社のいずれも、本書のご利用に対して何らかの保証をするものではなく、本書をお使いの結果について責任を負いかねます。予めご了承ください。

# はじめに

Web Development Essentials認定試験で求められる知識はWeb開発の前提となる技術やその周りの知識となります。

第1章では、プログラミング言語、プログラミング言語のパラダイム（技術進化の特徴）、プログラムソース作成のツール、プログラムソース管理のツール、プログラムで利用するライブラリなどの概念などを解説しています。もちろん、Web開発をするクライアントサーバシステムの話、Webサーバのシステム構成、Web APIの概要、Webシステムの形態なども紹介しています。さらに、Webサーバで使われるデータ転送方式、データ管理、データキャッシュ、データ暗号化の仕組み、DNS絡みのWebサーバの名前とデータ管理などにも触れています。

第2章では、HTMLの本来の使い方である文章コンテンツを構造化する概要の説明に始まり、タグの細かい文法に触れていきます。そして、フォームの部品となるタグも一通り紹介しています。

第3章では、CSSの基本と利用の仕方に始まり、少し細かい指定、ボックスモデルのレイアウトの例などにも触れています。

第4章では、JavaScript言語の基本に触れつつ、最後に少しクライアント周りのプログラミングも紹介しています。クライアントサイドでのプログラム製作の参考にしてください。

第5章では、サーバ側でJavaScript言語を利用可能とする仕組みのNode.jsと、Node.jsを拡張してWebアプリケーションサーバを作るためのExpressモジュールを紹介しています。さらに、セキュリティの対処やデータベースの基本であるSQLite3モジュールを紹介しました。もちろん、SQL言語に関する初歩的な説明もあります。

第6章には、Web Development Essentials 認定試験の模擬試験問題を1回分収録しています。

以上、Web Development Essentials資格試験を学習することで、概要ではありますが、広くWeb開発の知識を習得できます。Web開発の知識を習得するということは、Web開発をする人の基礎体力が身につくに等しくなります。現状、世の中の多くの人は日々スマートフォンでインターネットを見ています。企業や行政をはじめとするサービスもインターネットでの情報提供がメインとなった今日では、Web開発をするうえでとても重要な知識となるでしょう。

2023年3月

著者を代表して　川井義治

# CONTENTS

Web Development Essentials 合格テキスト＆問題集　目次

## 第5章 Node.js サーバプログラミング



## 第6章 Web Development Essentials 模擬試験問題



※本書に掲載するURL等は収録時点の情報であり、刊行後、リンク先が変更・消去される可能性もあります。

# 1 Web Development Essentials 030 試験の概要

## 1 Web Development Essentials 認定試験とは

本書で取り上げるWeb Development Essentials認定試験（試験コード030）は、フロントエンドエンジニア向けの技術認定試験の1つです。非営利団体であるLinux Professional Institute（LPI）が主催する認定試験の中では最も初歩的なもので、Web制作の第一歩を踏み出す人を対象に、現代のソフトウェアプリケーション開発の基礎と、簡単なWebアプリケーションを実装するために必要な知識を問う内容となっています。

Web Development Essentials認定試験は、資格要件などはなく、誰でも受験できます。試験時間は60分であり、39問の選択問題と、1問の記述問題があわせて40問出題されます。認定に有効期間はありません。

## 2 受験案内

Web Development Essentials認定試験を受験するには、以下の手続きが必要となります。なお、日本での受験は、ピアソンVUEのテストセンターで行われます。

**①LPI IDを取得する**

LPIのWebサイトから「LPI IDの登録」を選択して、IDを発行します（https://cs.lpi.org/caf/Xamman/register）。

**②ピアソンVUEに登録する**

ピアソンVUEのWebサイトから「LPI」を検索し、Linux Professional Institute認定試験のページに移動します（https://www.pearsonvue.co.jp/Clients/LPI.aspx）。

**③ピアソンVUEのアカウントを取得する**

「アカウントの作成」を選択して、ユーザ登録を行います。登録のときにLPI IDが必要となります。ピアソンVUEのサイトにログインすると、以降の手順が案内されます。そこからの流れは、次のとおりです。

1）受験バウチャーを購入

2）受験会場・受験日を指定して申込み

3）受験（終了後、すぐに結果が通知）

# 2 Web Development Essentials 030 試験の範囲

試験範囲（Objective）は、LPIのWebサイトで確認できます。
（https://www.lpi.org/ja/our-certifications/exam-030-objectives）
なお、各項目のタイトル末尾にある「総重量」とは、出題範囲の重要度の意味であり、数字が大きくなるほど出題率が高くなります。

## 031 ソフトウェア開発とWeb技術

### 031.1 ソフトウェア開発の基礎（総重量：1）

**説明：** 受験生は、ソフトウェア開発と重要なプログラミング言語の知識を理解している必要がある。

**主な知識分野：**

- ソースコードについての理解
- コンパイラとインタプリタの原理の理解
- ライブラリの概念の理解
- 関数・プロシージャ・オブジェクト指向プログラミングの概念の理解
- ソースコードエディタと統合開発環境（IDE）の共通機能の知識
- バージョンコントロールシステムの知識
- ソフトウェアテストの知識
- 重要なプログラミング言語（C、C++、C#、Java、JavaScript、Python、PHP）の知識

### 031.2 Webアプリケーションアーキテクチャ（総重量：2）

**説明：** 受験生は、Web開発技術とアーキテクチャのよく利用される標準について理解しておく必要がある。

**主な知識分野：**

- クライアントとサーバの、コンピューティングの原理の理解
- Webブラウザの役割の理解と、一般的に利用されているWebブラウザの知識
- Webサーバとアプリケーションサーバの役割の理解
- 一般的に利用されている、Webの開発技術と標準の理解
- APIの原理の理解
- リレーショナルデータベースと非リレーショナルデータベース（NoSQL）の原理の理解
- 一般的に利用されている、オープンソースデータベースマネジメントシステムの知識
- RESTとGraphQLの知識
- シングルページアプリケーション（SPA）の知識

・Webアプリケーションのパッケージングの知識
・WebAssemblyの知識
・コンテンツマネジメントシステム（CMS）の知識

**利用されるファイル・用語・ユーティリティ：**

・Chrome、Edge、Firefox、Safari、Internet Explorer
・HTML、CSS、JavaScript
・SQLite、MySQL、MariaDB、PostgreSQL
・MongoDB、CouchDB、Redis

### 031.3 HTTPの基礎（総重量：3）

**説明：** 受験生は、HTTPの基本的な知識を理解している必要がある。それは、HTTPのヘッダ・コンテンツタイプ・キャッシュ・ステータスコードなども含まれる。さらに、受験生はクッキーとセッションに対するクッキーの役割の原理について理解していて、さらに発展したHTTP使用の知識がある必要がある。

**主な知識分野：**

・HTTPのGETメソッド・POSTメソッド・ステータスコード・ヘッダ・コンテンツタイプの理解
・静的コンテンツと動的コンテンツの違いの理解
・HTTPのURLの理解
・HTTPのURLが、どのようにシステムパス上のファイルに対応しているかの理解
・ファイルを、Webサーバのドキュメントルートへのアップロード
・キャッシュの理解
・クッキーの理解
・セッションとセッションハイジャックの知識
・一般的に利用されているHTTPサーバの知識
・HTTPSとTLSの知識
・web socketの知識
・バーチャルホスト（virtual host）の知識
・一般的なHTTPサーバの知識
・ネットワーク帯域と、遅延要求と制限の知識

**利用されるファイル・用語・ユーティリティ：**

・GET、POST
・200、301、302、401、403、404、500
・Apache HTTP Server（"httpd"）、NGINX

## 032 HTMLドキュメントマークアップ

### 032.1 HTMLドキュメントの仕組み（総重量：2）

**説明：** 受験生は、HTMLドキュメントの仕組みと文法を理解している必要がある。これには、基本的なHTMLドキュメントの作成も含まれる。

**主な知識分野：**

・簡単なHTMLドキュメントを作成する
・HTMLの役割の理解
・HTMLスケルトンの理解
・（タグ・属性・コメント等の）HTMLの文法の理解
・HTMLのheadの理解
・Metaタグの理解
・文字エンコーディングの理解

**利用されるファイル・用語・ユーティリティ：**

・<!DOCTYPE html>
・<html>
・<head>
・<body>
・charset（utf-8）、name、content属性を含む<meta>

### 032.2 HTMLの意味とドキュメントの階層（総重量：2）

**説明**：受験生は、意味構造によるHTMLドキュメントを作成できなくてはいけない。

**主な知識分野：**

・HTMLドキュメントのコンテンツにマークアップを作成する
・階層化HTMLテキスト構造の理解
・blockとinline HTML要素の区別
・重要性な意味構造のHTMLエレメントの理解

**利用されるファイル・用語・ユーティリティ：**

・<h1>、<h2>、<h3>、<h4>、<h5>、<h6>
・<p>
・<ul>、<ol>、<li>
・<dl>、<dt>、<dd>
・<pre>
・<blockquote>
・<strong>、<em>、<code>
・<b>、<i>、<ul>
・<span>
・<div>
・<main>、<header>、<nav>、<section>、<footer>

### 032.3 HTML参照と埋め込みリソース（総重量：2）

**説明**：受験生は、他のドキュメントにリンクを貼ったHTMLドキュメントの作成や、HTMLドキュメントに画像・ビデオ・音声などの外部のコンテンツを埋め込みの能力が求められる。

**主な知識分野：**

- 外部リソースへのリンクとページのアンカーの作成
- HTMLドキュメントに画像を追加する
- PNG、JPG、SVGを含む、一般的に用いられているメディアのファイルフォーマットの、主な特性の理解
- iframeの知識

**利用されるファイル・用語・ユーティリティ:**

- id属性
- hrefと（_blank、_self、_parent、_top）のtarget属性を含んだ<a>
- srcとalt属性含んだ<img>

### 032.4 HTMLフォーム（総重量: 2）

**説明：**受験生は、さまざまな種類のinput要素を含んだ、簡単なHTMLフォームを作成できる必要がある。

**主な知識分野：**

- 簡単なHTMLフォームの作成
- HTMLのformタグのmethod属性の理解
- HTMLのinput要素と種類の理解

**利用されるファイル・用語・ユーティリティ：**

- method(get、post)、action enctypeなどの属性を含む<form>
- （text、email、password、number、date、file、range、radio、checkbox、hidden等の）type属性の<input>
- （submit、reset、hidden、button等の）type属性の<button>
- <textarea>
- （name、value、id等の）form要素の共通属性
- for属性を含んだ<label>

## 033 CSS コンテンツ スタイリング

### 033.1 CSS基礎（総重量: 1）

**説明：**受験生は、さまざまな方法で、CSSを利用したHTMLドキュメントにスタイルをつける方法を理解している必要がある。これには、CSS規則の構造と文法の理解が含まれる。

**主な知識分野：**

- HTMLドキュメント内にCSSを組み込む
- CSS文法の理解
- CSSにコメントを付加する
- アクセシビリティの特徴と要求の知識

**利用されるファイル・用語・ユーティリティ：**

- HTMLのstyleとtype（text/css）属性

・<style>

・rel（stylesheet）、type（text/css）、src属性を含んだ<link>

・;

・/*、*/

### 033.2 CSSセレクタとスタイルの適用（総重量：3）

**説明：** 受験生は、CSS内でセレクタを利用でき、CSSの規約がどのようにHTMLドキュメント内の要素に適用されるか理解している必要がある。

**主な知識分野：**

・CSSの規約を要素に適用するためセレクタを利用する

・CSS pseudo-classesの理解

・CSSにおけるルールの順序と重要性の理解

・CSSにおける継承の理解

**利用されるファイル・用語・ユーティリティ：**

・element; .class; #id

・a、b; a.class; a b;

・:hover、:focus

・!important

### 033.3 CSS スタイリング（総重量：2）

**説明：** 受験生は、CSSを利用して、HTMLドキュメントの要素へ、簡単なスタイルを利用・適用できる。

**主な知識分野：**

・基本的なCSSプロパティの理解

・CSSにおいてよく利用されるユニットの理解

**利用されるファイル・用語・ユーティリティ：**

・px、%、em、rem、vw、vh

・color、background、background-*、font、font-*、text-*、list-style、line-height

### 033.4 ボックスモデルとレイアウト（総重量：2）

**説明：** 受験生は、CSSボックスモデルを理解している必要がある。これには、Webサイトの要素の位置を定義することも含まれる。さらに、ドキュメントフローを理解している必要もある。

**主な知識分野：**

・CSSレイアウトで、要素のdimension、position、alignment の定義

・他の要素の周りのテキストをどのように記述するか

・ドキュメントフローの理解

・CSSグリッドの知識

・レスポンシブ Web デザインの知識

・CSSメディアクエリの知識

**利用されるファイル・用語・ユーティリティ:**

・width、height、padding、padding-*、margin、margin-*、border、border-*

・top、left、right、bottom

・display: block ¦ inline ¦ flex ¦ inline-flex ¦ none

・position: static ¦ relative ¦ absolute ¦ fixed ¦ sticky

・float: left ¦ right ¦ none

・clear: left ¦ right ¦ both ¦ none

## 034 JavaScript プログラミング

### 034.1 JavaScriptの実行と文法（総重量: 1）

**説明:** 受験生は、JavaScriptファイルとHTMLドキュメントからのインラインコードを実行できて、JavaScriptの基本的な文法を理解できる必要がある。

**主な知識分野:**

・HTMLドキュメント内のJavaScriptを実行する

・JavaScriptの文法を理解する

・JavaScriptコードにコメントを付加する

・JavaScriptコンソールへアクセスする

・JavaScriptコンソールへ書き込む

**利用されるファイル・用語・ユーティリティ:**

・type(text/javascript)属性とsrc属性を含む<script>

・;

・//、/* */

・console.log

### 034.2 JavaScriptデータ構造（総重量: 3）

**説明:** 受験生は、JavaScriptのコードで、変数を利用できる必要がある。これには、変数の理解とデータ型の理解が含まれる。さらに、受験生は演算子の割り当てと型変換、変数のスコープを理解している必要がある。

**主な知識分野:**

・変数と定数の定義と利用

・データ型の理解

・型変換と型強制の理解

・配列とオブジェクトの理解

・変数スコープの知識

**利用されるファイル・用語・ユーティリティ:**

・=、+、-、*、/、%、--、++、+=、-=、*=、/=

・var、let、const

・boolean、number、string、symbol

・array、object

・undefined、null、NaN

### 034.3 JavaScriptの制御構造と関数（総重量：4）

**説明**：受験生は、JavaScriptのコードにおける制御構造を理解している必要がある。これには、比較演算子の利用も含まれる。さらに、受験生は簡単な関数を書けたり、関数の引数や戻り値について理解している必要がある。

**主な知識分野**：

・真偽値の理解

・比較演算子の理解

・緩い等価性と厳格な等価性比較の違いについての理解

・条件節の利用

・ループ節の利用

・独自関数の定義

**利用されるファイル・用語・ユーティリティ**：

・if、else if、else

・switch、case、break

・for、while、break、continue

・function、return

・==、!=、<、<=、>、>=

・===、!==

### 034.4 Webサイトのコンテンツとスタイリングの、JavaScriptによる操作（総重量：2）

**説明**：受験生は、HTML DOMについて理解している必要がある。これには、HTML要素とCSSのプロパティのDOMを、簡単なシナリオに沿ってDOMイベントだけではなくJavaScriptを利用して操作できることが含まれる。

**主な知識分野**：

・DOMの概念と構造の理解

・DOMを利用してHTML要素のコンテンツとプロパティの変更

・DOMを利用してHTML要素のCSSスタイリングの変更

・HTML要素からJavaScript関数を機能させる

**利用されるファイル・用語・ユーティリティ**：

・document.getElementById()、document.getElementsByClassName()、document.getElementsByTagName()、document.querySelector()、document.querySelectorAll()

・DOM要素のinnerHTMLプロパティと、setAttribute()、removeAttribute() メソッド

・DOM要素のclassListプロパティと、classList.add()、classList.remove()、classList.toggle() メソッド

・HTML要素のonClick、onMouseOver、onMouseOut属性

## 035 Node.jsサーバプログラミング

### 035.1 Node.jsの基礎（総重量：1）

**説明**：受験生は、Node.jsの基礎を理解している必要がある。これには、NPMモジュールの概念の理解だけではなく、ローカルの開発サーバを実行させることも含まれる。

**主な知識分野**：

- Node.jsの概念の理解
- Node.jsアプリケーションの実行
- NPMパッケージのインストール

**利用されるファイル・用語・ユーティリティ**：

- node [file.js]
- npm init
- npm install [module_name]
- package.json
- node_modules

### 035.2 Expressの基礎（総重量：4）

**説明**：受験生は、ExpressWebフレームワークを用いて簡単な動的なWebサイトを作ることができる。これには、テンプレートエンジンEJSを用いて動的なファイルを提供するだけではなく、簡単なExpressルートを定義することが含まれる。

**主な知識分野**：

- 静的ファイルとEJSテンプレートへのルートの定義
- Expressによる静的ファイルの提供
- ExpressによるEJSテンプレートの提供
- 非ネスト構造の簡単なEJSテンプレートの作成
- HTTP GETとPOSTパラメータにアクセスして、HTMLフォームにより送信されたデータを処理するために、リクエストオブジェクトを利用
- ユーザ入力値評価の知識
- クロスサイトスクリプティング（XSS）の知識
- クロスサイトリクエストフォージェリ（CSRF）の知識

**利用されるファイル・用語・ユーティリティ**：

- expressとbody-parserノードモジュール
- Express appオブジェクト
- app.get()、app.post()
- res.query、res.body
- ejs node module
- res.render()
- <% … %>、<%= … %>、<%# … %>、<%- … %>
- views/

### 035.3 SQL基礎（総重量：3）

**説明**：受験生は、SQLiteデータベースで個々のテーブルを作成し、SQLを利用してデータを追加・変更・削除できる。さらに、受験生は個々のテーブルからデータを検索し、Node.jsからSQLの問い合わせを実行できる。これには、複数のテーブル間でデータを連結したり参照したりすることは含まれていない。

**主な知識分野**:

・Node.jsからデータベースのコネクションを確立する

・Node.jsでデータベース内のデータを検索する

・Node.jsからSQLの問い合わせを実行する

・joinを含まない、簡単なSQLクエリを作成する

・プライマリキーの理解

・SQLクエリ内で利用される変数のエスケープ

・SQLインジェクションの知識

**利用されるファイル・用語・ユーティリティ**:

・sqlite3 NPM module

・Database.run()、Database.close()、Database.all()、Database.get()、Database.each()

・CREATE TABLE

・INSERT、SELECT、DELETE、UPDATE

なお、試験範囲と本書との対応は次ページのとおりです。

## ●試験範囲と本書との対応一覧●

（表記例）「1-1-1」は第１章第１節第１項を指す。

| 試験の範囲 | 本書の解説位置 |
|---|---|
| **031 ソフトウェア開発と Web 技術** | |
| **031.1 ソフトウェア開発の基礎（総重量：1）** | |
| ソースコードについての理解 | 1-1-1、1-1-5 |
| コンパイラとインタプリタの原理の理解 | 1-1-2 |
| ライブラリの概念の理解 | 1-1-3 |
| 関数・プロシージャ・オブジェクト指向プログラミングの概念の理解 | 1-1-4 |
| ソースコードエディタと統合開発環境（IDE）の共通機能の知識 | 1-1-5 |
| バージョンコントロールシステムの知識 | 1-1-6 |
| ソフトウェアテストの知識 | 1-1-7 |
| 重要なプログラミング言語（C、C++、C#、Java、JavaScript、Python、PHP）の知識 | 1-1-8 |
| **031.2 Web アプリケーションアーキテクチャ（総重量：2）** | |
| クライアントとサーバの、コンピューティングの原理の理解 | 1-2-1 |
| Web ブラウザの役割の理解と、一般的に利用されている Web ブラウザの知識 | 1-2-2 |
| Web サーバとアプリケーションサーバの役割の理解 | 1-2-3 |
| 一般的に利用されている、Web の開発技術と標準の理解 | 1-2-4 |
| API の原理の理解 | 1-2-5 |
| リレーショナルデータベースと非リレーショナルデータベース（NoSQL）の原理の理解 | 5-3-コラム |
| 一般的に利用されている、オープンソースデータベースマネジメントシステムの知識 | 5-3-1 |
| REST と GraphQL の知識 | 1-2-6 |
| シングルページアプリケーション（SPA）の知識 | 1-2-7 |
| Web アプリケーションのパッケージングの知識 | 1-2-8 |
| WebAssembly の知識 | 1-2-9 |
| コンテンツマネジメントシステム（CMS）の知識 | 1-2-10 |
| Chrome、Edge、Firefox、Safari、Internet Explorer | 1-2-2 |
| HTML、CSS、JavaScript | 1-2-4、2-1-1、3-1-1、4-1-1 |

| 試験の範囲 | 本書の解説位置 |
|---|---|
| SQLite、MySQL、MariaDB、PostgreSQL | 5-3-1 |
| MongoDB、CouchDB、Redis | 5-3-コラム |
| **031.3 HTTP の基礎（総重量：3）** | |
| HTTP の GET メソッド・POST メソッド・ステータスコード・ヘッダ・コンテンツタイプ の理解 | 1-3-1 |
| 静的コンテンツと動的コンテンツの違いの理解 | 1-3-2 |
| HTTP の URL の理解 | 1-3-3 |
| HTTP の URL が、どのようにシステムパス上のファイルに対応しているかの理解 | 1-3-4 |
| ファイルを、Web サーバのドキュメントルートへのアップロード | 1-3-5 |
| キャッシュの理解 | 1-3-6 |
| クッキーの理解 | 1-3-7 |
| セッションとセッションハイジャックの知識 | 1-3-8 |
| 一般的に利用されている HTTP サーバの知識 | 1-3-9 |
| HTTPS と TLS の知識 | 1-3-10 |
| web socketの知識 | 1-3-11 |
| バーチャルホスト（virtual host）の知識 | 1-3-12 |
| 一般的な HTTP サーバの知識 | 1-3-9 |
| ネットワーク帯域と、遅延要求と制限の知識 | 1-3-13 |
| GET、POST | 1-3-1 |
| 200、301、302、401、403、404、500 | 1-3-1 |
| Apache HTTP Server ("httpd")、NGINX | 1-3-9 |
| **032 HTML ドキュメントマークアップ** | |
| 簡単な HTML ドキュメントを作成する | 2-1-1 |
| HTML の役割の理解 | 2-1-2 |
| HTML スケルトンの理解 | 2-1-3、2-1-7 |
| （タグ・属性・コメント等の）HTML の文法の理解 | 2-1-3 |
| HTML の head の理解 | 2-1-4 |
| Meta タグの理解 | 2-1-5 |
| 文字エンコーディングの理解 | 2-1-6 |

| 試験の範囲 | 本書の解説位置 |
|---|---|
| <!DOCTYPE html> | 2-1-2 |
| <html> | 2-1-3 |
| <head> | 2-1-3 |
| <body> | 2-1-3 |
| charset (uff-8)、name、content 属性を含む <meta> | 2-1-3 |
| **032.2 HTML の意味とドキュメントの階層（総重量：2）** | |
| HTML ドキュメントのコンテンツにマークアップを作成する | 2-2-1 |
| 階層化 HTML テキスト構造の理解 | 2-2-2 |
| block と inline HTML 要素の区別 | 2-2-3 |
| 重要性な意味構造の HTML エレメントの理解 | 2-2-4 |
| <h1>、<h2>、<h3>、<h4>、<h5>、<h6> | 2-2-1 |
| <p> | 2-2-1 |
| <ul>、<ol>、<li> | 2-2-2 |
| <dl>、<dt>、<dd> | 2-2-2 |
| <pre> | 2-2-3 |
| <blockquote> | 2-2-3 |
| <strong>、<em>、<code> | 2-2-1 |
| <b>、<i>、<ul> | 2-2-1、2-2-2、2-2-3 |
| <span> | 2-1-3、2-2-4 |
| <div> | 2-2-3、2-2-4 |
| <main>、<header>、<nav>、<section>、<footer> | 2-2-4 |
| **032.3 HTML 参照と埋め込みリソース（総重量：2）** | |
| 外部リソースへのリンクとページのアンカーの作成 | 2-3-1 |
| HTML ドキュメントに画像を追加する | 2-3-2 |
| PNG、JPG、SVG を含む、一般的に用いられているメディアのファイルフォーマットの、主な特性の理解 | 2-3-3、2-3-4 |
| iframe の知識 | 2-3-5 |
| id 属性 | 2-1-2 |
| href と (_blank、_self、_parent、_top) の target 属性を含んだ <a> | 2-3-1 |

| 試験の範囲 | 本書の解説位置 |
| --- | --- |
| src と alt 属性含んだ <img> | 2-3-2 |
| **032.4 HTML フォーム（総重量：2）** | |
| 簡単な HTML フォームの作成 | 2-4-1 |
| HTML の form タグの method 属性の理解 | 2-4-2 |
| HTML の input 要素と種類の理解 | 2-4-3 |
| method（get、post）、action、enctypeなどの属性を含む<form> | 2-4-1、2-4-3 |
| （text、email、password、number、date、file、range、radio、checkbox、hidden等の）type属性の<input> | 2-4-3 |
| （submit、reset、hidden、button等の）type属性の<button> | 2-4-3 |
| <textarea> | 2-4-4 |
| （name、value、id等の）form要素の共通属性 | 2-1-2、2-4-3 |
| for属性を含んだ<label> | 2-4-3、2-4-4 |
| **033 CSS コンテンツ スタイリング** | |
| **033.1 CSS 基礎（総重量：1）** | |
| HTMLドキュメント内にCSSを組み込む | 3-1-1 |
| CSS文法の理解 | 3-1-2 |
| CSS にコメントを付加する | 3-1-3 |
| アクセシビリティの特徴と要求の知識 | 3-1-4 |
| HTMLのstyleとtype（text/css）属性 | 3-1-1 |
| <style> | 3-1-1 |
| rel（stylesheet）、type（text/css）、src属性を含んだ<link> | 3-1-1 |
| ; | 3-1-2 |
| /*、*/ | 3-1-3 |
| **033.2 CSS セレクタとスタイルの適用（総重量：3）** | |
| CSSの規約を要素に適用するためセレクタを利用する | 3-2-1、3-2-2 |
| CSS pseudo-classesの理解 | 3-2-3 |
| CSSにおけるルールの順序と重要性の理解 | 3-2-4 |
| CSSにおける継承の理解 | 3-2-4 |
| element; -class; #id | 3-2-1 |

| 試験の範囲 | 本書の解説位置 |
|---|---|
| a、b; a-class; a b; | 3-2-1 |
| :hover、:focus | 3-2-3 |
| !important | 3-2-4 |
| **033.3 CSS スタイリング（総重量：2）** | |
| 基本的なCSSプロパティの理解 | 3-3-3 |
| CSSにおいてよく利用されるユニットの理解 | 3-3-1、3-3-2 |
| px、%、em、rem、vw、vh | 3-3-1 |
| color、background、background-*、font、font-*、text-*、list-style、line-height | 3-3-2、3-3-3 |
| **033.4 ボックスモデルとレイアウト（総重量：2）** | |
| CSSレイアウトで、要素のdimension、position、alignmentの定義 | 3-4-1、3-4-2 |
| 他の要素の周りのテキストをどのように記述するか | 3-4-3 |
| ドキュメントフローの理解 | 3-4-4 |
| CSSグリッドの知識 | 3-4-4 |
| レスポンシブ Web デザインの知識 | 3-4-5 |
| CSSメディアクエリの知識 | 3-4-5 |
| width、height、padding、padding-*、margin、margin-*、border、border-* | 3-4-1 |
| top、left、right、bottom | 3-4-2 |
| display: block ¦ inline ¦ flex ¦ inline-flex ¦ none | 3-4-4 |
| position: static ¦ relative ¦ absolute ¦ fixed ¦ sticky | 3-4-2 |
| float: left ¦ right ¦ none | 3-4-3 |
| clear: left ¦ right ¦ both ¦ none | 3-4-3 |
| **034 JavaScript プログラミング** | |
| **034.1 JavaScript の実行と文法（総重量：1）** | |
| HTMLドキュメント内のJavaScriptを実行する | 4-1-1 |
| JavaScriptの文法を理解する | 4-1-2 |
| JavaScriptコードにコメントを付加する | 4-1-3 |
| JavaScriptコンソールへアクセスする | 4-1-4 |
| JavaScriptコンソールへ書き込む | 4-1-5 |
| type（text/javascript）属性とsrc属性を含む<script> | 4-1-2 |

| 試験の範囲 | 本書の解説位置 |
|---|---|
| ; | 4-1-2 |
| //、/* */ | 4-1-3 |
| console-log | 4-1-5 |
| **034.2 JavaScript データ構造（総重量：3）** | |
| 変数と定数の定義と利用 | 4-2-1 |
| データ型の理解 | 4-2-1 |
| 型変換と型強制の理解 | 4-2-2 |
| 配列とオブジェクトの理解 | 4-2-3 |
| 変数スコープの知識 | 4-2-1 |
| =、+、-、*、/、%、--、++、+=、-=、*=、/= | 4-2-4 |
| var、let、const | 4-2-1 |
| boolean、number、string、symbol | 4-2-1 |
| array、object、undefined、null、NaN | 4-2-1、4-2-2、4-3-5、4-3-6 |
| **034.3 JavaScript の制御構造と関数（総重量：4）** | |
| 真偽値の理解 | 4-3-1 |
| 比較演算子の理解 | 4-3-2 |
| 緩い等価性と厳格な等価性比較の違いについての理解 | 4-3-3 |
| 条件節の利用 | 4-3-4 |
| ループ節の利用 | 4-3-5 |
| 独自関数の定義 | 4-3-6 |
| if、else if、else | 4-3-4 |
| switch、case、break | 4-3-4、4-3-5 |
| for、while、break、continue | 4-3-5 |
| function、return | 4-3-6 |
| ==、!=、<、<=、>、>= | 4-3-2 |
| ===、!== | 4-3-3 |
| **034.4 Web サイトのコンテンツとスタイリングの、JavaScript による操作（総重量：2）** | |
| DOM の概念と構造の理解 | 4-4-1 |

| 試験の範囲 | 本書の解説位置 |
|---|---|
| DOMを利用してHTML要素のコンテンツとプロパティの変更 | 4-4-2 |
| DOMを利用してHTML要素のCSSスタイリングの変更 | 4-4-3 |
| HTML要素からJavaScript関数を機能させる | 4-4-4 |
| document-getElementById()、document-getElementsByClassName()、document-getElementsByTagName()、document-querySelector()、document-querySelectorAll() | 4-4-2 |
| DOM要素のinnerHTMLプロパティと、setAttribute()、removeAttribute()メソッド | 4-4-2 |
| DOM要素のclassListプロパティと、classList-add()、classList-remove()、classList-toggle()メソッド | 4-4-3 |
| HTML 要素の onClick、onMouseOver、onMouseOut 属性 | 4-4-4 |
| **035 Node.js サーバプログラミング** | |
| **035.1 Node.js の基礎（総重量：1）** | |
| Node-jsの概念の理解 | 5-1-1、5-1-2、5-1-3 |
| Node-jsアプリケーションの実行 | 5-1-4 |
| NPMパッケージのインストール | 5-1-5 |
| node [file-js] | 5-1-4 |
| npm init | 5-1-4 |
| npm install [module_name] | 5-1-4 |
| package-json | 5-1-5 |
| node_modules | 5-1-5 |
| **035.2 Express の基礎（総重量：4）** | |
| 静的ファイルとEJSテンプレートへのルートの定義 | 5-2-2 |
| Expressによる静的ファイルの提供 | 5-2-1 |
| ExpressによるEJSテンプレートの提供 | 5-2-2 |
| 非ネスト構造の簡単なEJSテンプレートの作成 | 5-2-2 |
| HTTP GETとPOSTパラメータにアクセスして、HTMLフォームにより送信されたデータを処理するために、リクエストオブジェクトを利用 | 5-2-2 |
| ユーザ入力値評価の知識 | 5-2-2 |
| クロスサイトスクリプティング（XSS）の知識 | 5-2-2 |

| 試験の範囲 | 本書の解説位置 |
|---|---|
| クロスサイトリクエストフォージェリ（CSRF）の知識 | 5-2-2 |
| express と body-parser ノードモジュール | 5-2-1 |
| Express app オブジェクト | 5-2-1 |
| app-get ()、app-post () | 5-2-2 |
| res-query、res-body | 5-2-2 |
| ejs node module | 5-2-2 |
| res-render () | 5-2-2 |
| <% … %>、<%= … %>、<%# … %>、<%- … %> | 5-2-2 |
| views/ | 5-2-2 |
| **035.3 SQL 基礎（総重量：3）** | |
| Node-js でデータベース内のデータを検索する | 5-3-4 |
| Node-js から SQL の問い合わせを実行する | 5-3-5 |
| join を含まない、簡単な SQL クエリを作成する | 5-3-4 |
| プライマリキーの理解 | 5-3-2 |
| SQL クエリ内で利用される変数のエスケープ | 5-3-5 |
| SQL インジェクションの知識 | 5-3-5 |
| sqlite3 NPM module | 5-3-4 |
| Database-run () 、Database-close () 、Database-all () 、Database-get () 、Database-each () | 5-3-4 |
| CREATE TABLE | 5-3-2 |
| INSERT、SELECT、DELETE、UPDATE | 5-3-3 |

# 第1章

# ソフトウェア開発とWeb技術

# 1.1 ソフトウェア開発の基礎

## 1 ソースコード

皆さんが日々使用しているデスクトップ型やノート型のパーソナルコンピュータ（以下、PC）だけでなく、タブレットやスマートフォンなどの情報端末はコンピュータであり、コンピュータ（ハードウェア）を使うにはソフトウェアが必要です。

ソフトウェアは、コンピュータ自体を管理・制御する**基本ソフトウェアであるオペレーティングシステム（OS）**と、ユーザが必要な機能を提供する**アプリケーションソフトウェア**の大きく2つに分類できます。基本ソフトウェアについては**Linux Essentials**（※1）で学習するため、本書の**Web Development Essentials**では、Web周りのドキュメントと少しだけアプリケーションソフトウェアについて学習していきましょう。

（※1）**Linux Essentials**
非営利団体The Linux Professional Institute Inc（LPI）が実施するLinux技術者認定資格。Linuxに関する基本的な知識を習得し、基本的な操作ができることを証明する試験。

**●図1-1-1　ハードウェアとソフトウェア**

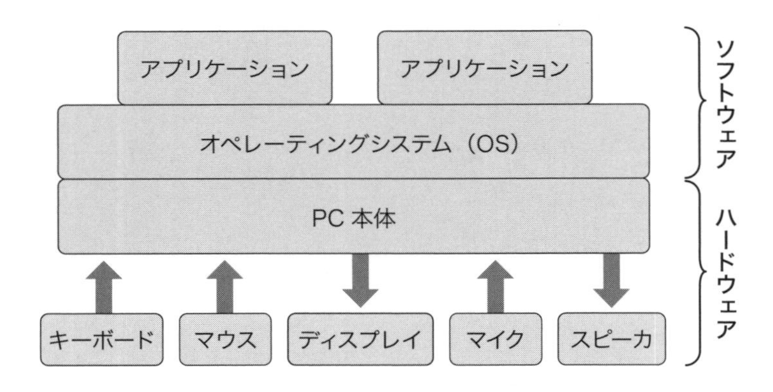


アプリケーションソフトウェアは、一般的に**アプリケーション**または**アプリ**と呼ばれています。アプリケーションソフトウェア（以下、ソフトウェア）の例をあげると、文章を執筆するのであればMicrosoft 社のMicrosoft Wordという**文書作成ソフトウェア**、インターネットのホームページを見るのであればGoogle Chromeという**Webブラウザ**などが必要です。ソフトウェアは、コンピュータを動か

すためのプログラムとドキュメントなどのデータで構成されます。なお、本書で扱うプログラムとドキュメントは**HTML5**以降のWeb周りが中心です。

HTML5以降のWeb周りは、①**HTML**形式の文章となるテキスト、②**CSS**形式のデザイン指定のテキスト、③**JavaScript**のプログラムの3種類のテキストが主なものです。それに加え、④用意された画像・動画・音楽などのデータファイル、⑤Microsoft Officeの保存ファイル、⑥PDF文書などの独立したデータファイルなどから構成されます。

なお、④～⑥のデータファイルは事前に用意すべきファイル(※2)のため、本書の範囲を外れます。Web Development Essentialsで内容を把握すべき①～③のファイル（HTML、CSS、JavaScript）は、編集可能なテキストファイルです。この3種類は、**元のテキストをWebブラウザが整形や実行した結果の画像**が一般の利用者に届けられて見える最終形態です。この整形したり実行したりする前のテキスト形式の人間が書いたプログラムを、**ソースコード**と呼びます。

（※2） レイアウトをする前の写真やHTMLの文章なども、用意が必要なデータになる。

● 図1-1-2　HTML5以降のWeb周り

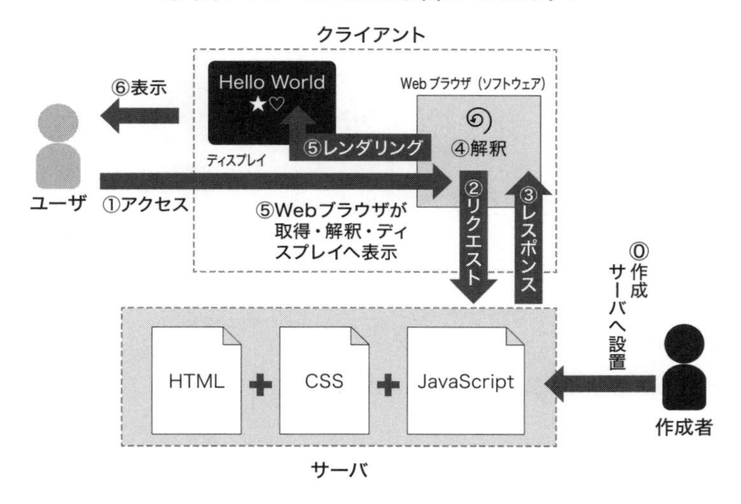


## 2 コンパイラとインタプリタ

ソフトウェアの一般的な説明に戻ると、ソフトウェアは、コンピュータが理解できる**プログラム**と必要な**データ**のかたまりです。コンピュータにインストールされたソフトウェアは、複数のディレクトリとその中にある複数のファイルで構成されています。

● 図1-1-3　ソフトウェアとディレクトリ構成（Windowsの場合）(※3)

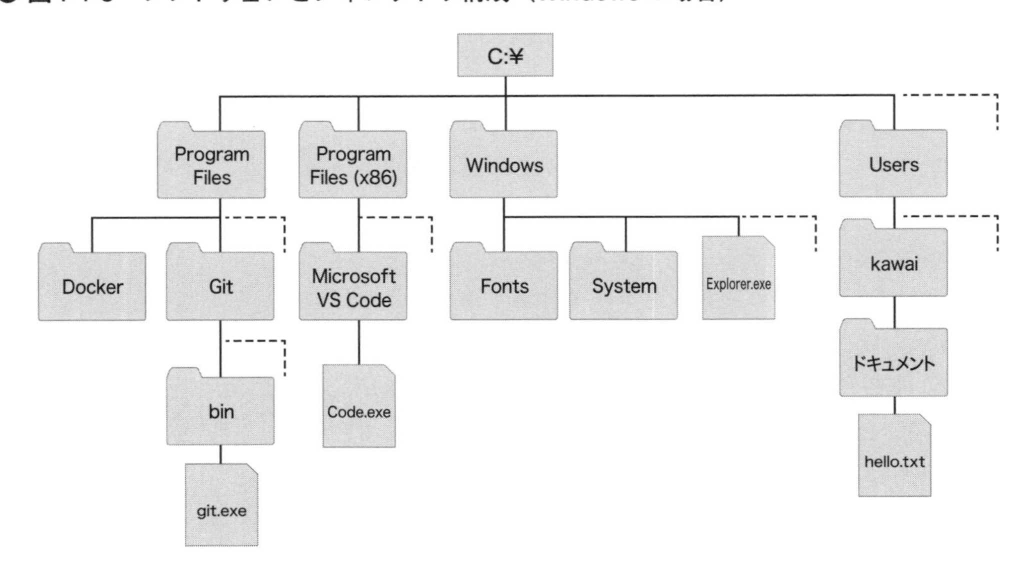


(※3) ディレクトリはファイルを保管する場所の総称である。Windowsの場合、Program Filesにアプリケーションがあり、WindowsにOSのシステムのプログラムやデータがある。

Windowsでは、ダブルクリックして実行できるファイルが実行可能プログラムです。実行可能なファイルの中身を覗いてみると、人間が理解できない数字がただ並んだ**バイナリ**と呼ばれるデータがあります。

バイナリファイルに対して、プログラムの元となるソースコードなどはテキストファイルと呼ばれます。そのテキストファイルの中身を覗いてみると、同じく数字が並んでいるとはいえ、テキストの1文字はキャラクタコード（文字コード）に対応しています。このため、テキストを扱えるプログラムさえあれば簡単に文字として表示でき、人間にも理解できます。

プログラムファイルはバイナリで構成されているため、人間が直接解釈するのは困難です。さらにその逆である、バイナリファイルを人間が直接記述する作業は、まず不可能ともいえます。

そのため、プログラムを作る作業（プログラミング）は、まず、人間が理解できる英語の文章に近いプログラム言語のソースコードを記述します。次に、そのソースコードをソフトウェアでバイナリ形式へ**変換**する作業です。

### ● 図1-1-4 バイナリファイルとテキストファイル

```
00000000  4d 5a 90 00 03 00 00 00  04 00 00 00 ff ff 00 00  ¦MZ..............¦
00000010  b8 00 00 00 00 00 00 00  40 00 00 00 00 00 00 00  ¦........@.......¦
00000020  00 00 00 00 00 00 00 00  00 00 00 00 00 00 00 00  ¦................¦
00000030  00 00 00 00 00 00 00 00  00 00 00 00 80 00 00 00  ¦................¦
00000040  0e 1f ba 0e 00 b4 09 cd  21 b8 01 4c cd 21 54 68  ¦........!..L.!Th¦
00000050  69 73 20 70 72 6f 67 72  61 6d 20 63 61 6e 6e 6f  ¦is program canno¦
00000060  74 20 62 65 20 72 75 6e  20 69 6e 20 44 4f 53 20  ¦t be run in DOS ¦
00000070  6d 6f 64 65 2e 0d 0d 0a  24 00 00 00 00 00 00 00  ¦mode....$.......¦
00000080  50 45 00 00 64 86 0d 00  f9 86 22 60 00 70 02 00  ¦PE..d....."`.p..¦
00000090  d0 07 00 00 f0 00 26 00  0b 02 02 24 00 38 00 00  ¦......&....$.8..¦
```

↑プログラムをダンプコマンドで表示

git.exe
(プログラム)

↓テキストファイルをダンプコマンドで表示

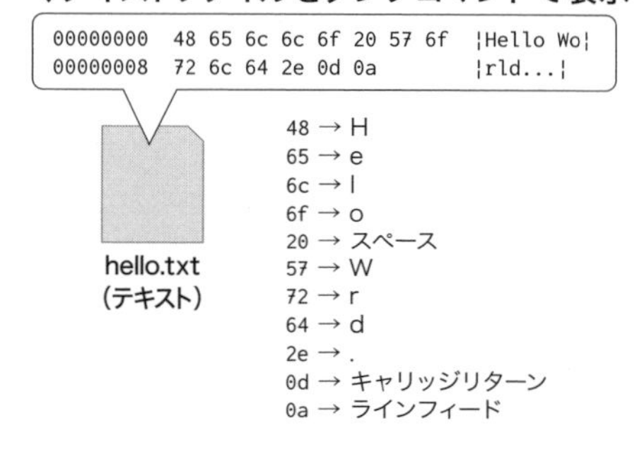


### ■表1-1-1 ASCII文字コード表 (※4)

| | 00 | 10 | 20 | 30 | 40 | 50 | 60 | 70 | 80 | 90 | A0 | B0 | C0 | D0 | E0 | F0 |
|---|---|---|---|---|---|---|---|---|---|---|---|---|---|---|---|---|
| 0 | NULL | | SP | 0 | @ | P | ` | p | | | | | | | | |
| 1 | | | ! | 1 | A | Q | a | q | | | | | | | | |
| 2 | | | " | 2 | B | R | b | r | | | | | | | | |
| 3 | | | # | 3 | C | S | c | s | | | | | | | | |
| 4 | | | $ | 4 | D | T | d | t | | | | | | | | |
| 5 | | | % | 5 | E | U | e | u | | | | | | | | |
| 6 | | | & | 6 | F | V | f | v | | | | | | | | |
| 7 | BEL | | ' | 7 | G | W | g | w | | | | | | | | |
| 8 | BS | | ( | 8 | H | X | h | x | | | | | | | | |
| 9 | | | ) | 9 | I | Y | i | y | | | | | | | | |
| A | LF | | * | : | J | Z | j | z | | | | | | | | |
| B | | ESC | + | ; | K | [ | k | { | | | | | | | | |
| C | | | , | < | L | \ | l | ¦ | | | | | | | | |
| D | CR | | - | = | M | ] | m | } | | | | | | | | |
| E | | | . | > | N | ^ | n | ~ | | | | | | | | |
| F | | | / | ? | O | _ | o | DEL | | | | | | | | |

※00〜1F、7F:コントロールコード、80〜FF:未使用

**(※4) ASCII文字コード表**
英数字の1文字が必ず表の中の何番目かに対応して、文字のコード番号がひと目でわかる表。A→61h、B→62hなどのように対応。

● 図1-1-5　ソースコードからバイナリへの変換

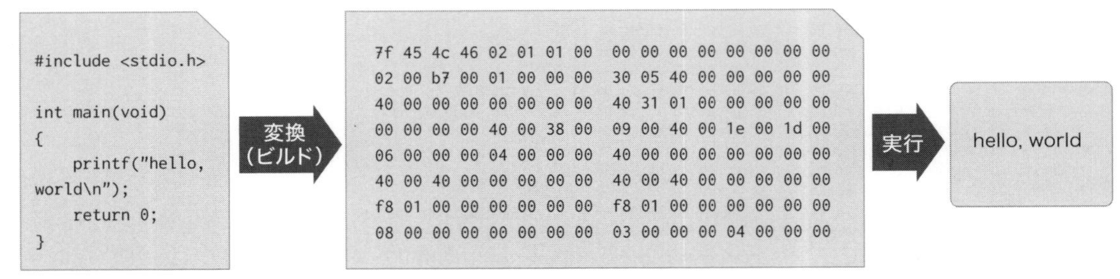


人間が書くソースコードはテキスト形式で、文字列の集まりであり、英語の単語が並んでいる英語の文章に近いでしょう。もちろん、プログラム言語のルールが理解できる人であれば、内容が判読できます。プログラミング言語は作業の手順から見ると、大きく2つの方式に分けることが可能です。

1つ目のプログラム言語は、コンピュータがプログラムを**実行する前に、あらかじめプログラムのソースコードをバイナリ形式のプログラムへ一括変換する**コンパイル型言語です（**図1-1-6**）。コンパイル型言語でソースコードをバイナリへ変換するソフトウェアをコンパイラと呼びます。

● 図1-1-6　コンパイル型プログラミングの流れ

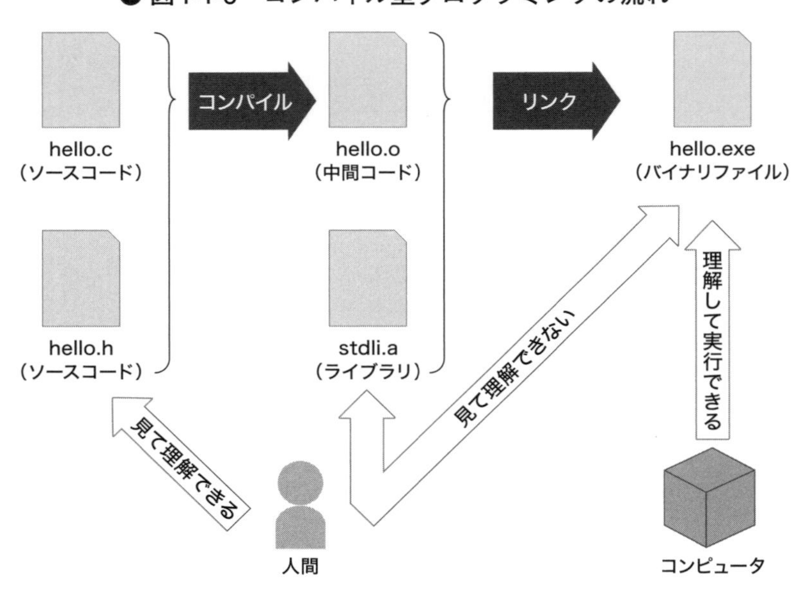

2つ目のプログラミング言語は、コンピュータがプログラムを**実行する直前に、プログラムをバイナリ形式へ逐次変換する**インタプリタ型言語です（**図1-1-7**）。インタプリタ型言語でソースコードをバイナリへ逐次変換するソフトウェアをインタプリタと呼びます。

● **図1-1-7　インタプリタ型プログラミングの流れ**

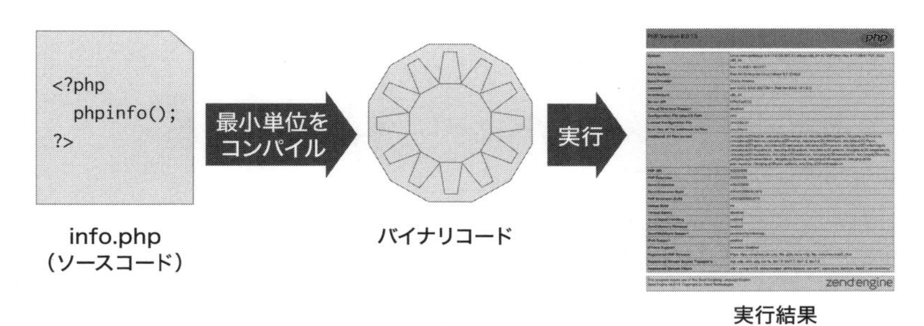


**コンパイル型言語**は、プログラムを実行する前にプログラムの間違いである**バグ**（欠陥）を発見しやすいという利点がある一方で、プログラムを完成させないとプログラムを実行できないという不自由さがあります。インタプリタ型言語は、プログラムを作成中の状態でも試せる手軽さがある一方で、完全にバグを排除する難しさが増します。どちらがよいかは、利用目的や運用目的、クライアントの要望などに応じて判断することとなります。

当たり前ではありますが、どちらの方式でもプログラムの自動生成機能はないため、実行できる機能は、実行する前にプログラムのソースコードに記述された範囲の内容のみです。

## 3 ライブラリ

プログラミングをするとき、文字の表示、マウスボタンが押されているかどうかの状態の受け取り、ファイルの読み取り、ファイルへの書き込みなど、プログラムと入出力装置の間でデータをやり取りする機能はオペレーティングシステム（OS）へのアクセスが必要となります。基本的な入出力は、**標準ライブラリ**としてプログラミング言語に組み込まれていたり、プログラミング言語が用意できる形式で用意されていたりします。多くのプログラミング言語では、誰でも使うであろうsinやcos（※5）などの数学的な計算をする機能、文字列を操作する機能などが、標準ライブラリとして事前に用意されています。

（※5）**sinやcos**
sinは正弦、cosは余弦であり、平面三角法の角の大きさと線分の長さの関係を記述する関数をいう。

インタプリタ型言語のPHPは、ライブラリがかなり充実しており、サーバでの利用で人気がありました。最近では、機械学習や画像処理のライブラリや、Webシステムを作るためのフレームワーク(※6)が充実しているPythonが注目を浴びています。

(※6) **フレームワーク**
ライブラリとは逆に、全体のひな形が用意されているプログラム群。ユーザが必要な部分のプログラムを書き加える形式。

小さいプログラムであれば、すべての機能を1つのソースコードにまとめて記述しても問題はありません。ところが、プログラムの規模が大きくなるにつれて、1つのソースコードにすべてのソースコードを記述すると、プログラムの保守性が著しく低下します。ある程度大きなプログラムを作る場合は、機能ごとにプログラムを区切って、**関数**として開発を進めたほうが保守性は向上します。

プログラムを目的ごとに分割して開発する手法を、**手続き型プログラミング**と呼びます。手続き型プログラミングは、プログラム言語の進化のパラダイム(※7)の1つとして多くのプログラミングに取り入れられました。皆さんも、共通する機能を関数化し、ライブラリとして関数を使い回すことを念頭に置いてプログラミングを進めてください。

(※7) **パラダイム**
プログラムの進化での特徴的な考え方や手法のこと

## 4 プログラミングパラダイム

プログラムは、コンピュータがこなすべき仕事内容をコンピュータへ伝えるための手順書です。人間がプログラムを記述しやすくするために考え出されたいくつかのプログラミングパラダイムを取り入れて、新しいプログラミング言語が次々と誕生してきました。プログラミング言語の始まりには、コンピュータが理解できるプログラムはバイナリ形式のため、バイナリのプログラムを人間が理解できる命令へ1対1で対応させた**アセンブラ**という言語がありました。

次に、人間がわかりやすい記述ができる**構造化プログラミング**という手法を取り入れました。現在でも構造化プログラミングを取り入れたプログラミング言語は多く、構造化プログラミング言語と呼ばれます。構造化プログラミングの特徴は、**3つの制御構造**です。

●図1-1-8 構造化プログラミングの3つの制御構造

| | |
|---|---|
| 1. 順次実行 | ……上から下へ順番に実行する |
| 2. 条件分岐 | ……条件判定により、プログラムが実行する内容と実行しない内容を用意する |
| 3. 繰り返し | ……指定数や条件を満たすまで同じ作業を繰り返す |

その後すぐに、関数やサブルーチンと呼ばれる複数のまとまりで再利用できる**手続き型プログラミング**の手法を取り入れたプログラミング言語が作られました。構造化プログラミングと手続き型プログラミングは、現在でもC言語をはじめとしてほとんどのプログラミング言語に取り入れられています。

そして、**オブジェクト指向プログラミング**が流行し、もてはやされた時期がありました。オブジェクト指向プログラミングは、変数や関数から構成されるオブジェクトを相互に作用させてプログラムを作ります。オブジェクト指向プログラミングを取り入れているプログラミング言語には、C++、Java、C#、Pythonがあります。オブジェクト指向プログラミングは、のちにPHPやJavaScriptなどの言語へも取り入れられ、今では流行を超えて常識となりました。

以上のほかに、**宣言型プログラミング**というパラダイムがあります。宣言型プログラミングで皆さんに一番身近な言語には、データベースへアクセスするために使われているSQL言語があるでしょう。また、最近になって大量のデータを処理するなどの用途で再び注目されているプログラミングパラダイムとして、**関数型プログラミング**があります。関数型プログラミングは、外部から影響されない、数学で出てくるような関数を組み合わせてプログラムを作成する手法です。

プログラミング言語は、複数のパラダイムを取り入れているマルチパラダイムです。関数型プログラミングのパラダイムを取り入れたプログラミング言語でも、従来からの特徴であるオブジェクト指向プログラミングのパラダイムの一部を利用して、オブジェクト自体が値を持つプログラムを作ればオブジェクト指向プログラミングとなります。

また、手続き型プログラミングのパラダイムを利用して、関数に静的な変数を持つ場合は手続き型プログラミングとなります。このように、同じプログラミング言語を使っても、プログラムを実装する段階でプログラミングパラダイムを自由に選ぶことが可能です。

## 5 ソースコードエディタと統合開発環境（IDE）の共通機能

ソフトウェアを作成するとなると、プログラムのソースコードを入力してからコンパイルして実行し、さらに、動作確認までの一連の作業をこなす必要があります。この一連の作業をするためにプログラミング専用のソフトウェアとして、**統合開発環境（IDE）**があります。

IDEはOSを開発・販売している企業などから提供されているため、ソフトウェア開発での利用は特にお勧めです。IDEとして広く使われているソフトウェアには、オープンソースの**Eclipse**（※8）、Microsoft社の**Visual Studio**（※9）、Apple社の**Xcode**（※10）などがあり、各製品ともに複数のプログラミング言語に対応しています。ただし、IDEは多くの機能を内包しているため動作が重く、操作性でストレスを感じることが多いことから、より高速なPCが必要です。

IDEの機能が完璧だったとしても、IDEが利用できない環境や言語もあれば、プログラムのソースコードだけを素早く作りたいという需要も多くあります。ソースコードであるテキストを編集するだけであれば、**テキストエディタ**と呼ばれるソフトウェアがあり、簡単に使用できます。最近は、Microsoft社の**Visual Studio Code**が高いシェアを占めているとはいえ、Windows環境であれば、**秀丸エディタ**や**サクラエディタ**、Windowsに付属する**メモ帳**の利用も可能です。サーバ環境のLinux OSでは、オープンソースの**Vim**（※11）や**Emacs**が使われ、macOSでは、付属のテキストエディタでも編集できます。

（※8） **Eclipse**
IBM社が公開したオープンソースのIDEで、さまざまな分野で人気が高い。

（※9） **Visual Studio**
Windowsの開発環境として利用される。

（※10） **Xcode**
MacOSやiOSのソフトウェア専用の開発環境として利用される。

（※11） **Vim**
UNIXおよびLinuxの標準エディタ

## 6 バージョン管理システム

ソフトウェア制作の過程では、問題点の修正や、機能の変更・追加をする作業、すなわち、ソフトウェアのバージョンアップが必要になります。ソフトウェアを修正すると、修正していない場所に新しい問題点が発生する可能性があります。バージョンの違いによる問題を追求・修正するためには、古いバージョンのソースコードを保管しておき、ソースコードを比較検討する仕組みが必要となります。

複数のソースコードの保存や比較を人力でこなすには限界があるため、人間がソースコードを管理すると新たな問題を生み出しかねません。多くのソフトウェア開発プロジェクトでは、重要なソースコードを管理するためにバージョン管理システム（**VCS**：Version Control System）が使われています。バージョン管理システムは**集中型と分散型**の2種類あり、オープンソースのプロジェクトなどでも利用されています。

集中型VCSとして、オリジナルのソースをサーバに置いてクライアントからアクセスする**Subversion**が有名でした。一方、分散型VCSは、サーバとクライアントに個別のソースを置いて同期を取る方式のGitやMercurialが使われています。有名な例としては、Linux OSのカーネル（中心となるプログラム）のソースコード管理にGitが使われています。

また、Gitのサーバ機能（リポジトリサーバ）を提供する**GitHub**や**GitLab**というサービスを提供する企業があり、サーバの利用は、一部有料なサービスとなっています。そのほかに、SubversionやCVSやGitなどのリポジトリサーバをフリーソフトウェアのプロジェクトへ提供するGNU Savannahプロジェクトもあります。

## 7 ソフトウェアのテスト

プログラム制作をする場合は、完成予定の画面や動作の仕様となるドキュメントを作成してからプログラミングを始める必要があります。そして、完成後に、仕様どおりに動作するか、バグがないかを確認する必要があります（※12）。しかし、プログラムが複雑で巨大になると、人力ですべてのソースコードを再確認し、ソースコードのバグを見つけ出すのは困難です。

プログラムのバグを探す作業をデバッグと呼びます。せっかくコンピュータを使っているのですから、プログラムでデバッグを自動化させたほうがより間違いが少なく、多くの問題点を見つけられるほうがよいはずです。

第3項で述べたように、1つの大きなプログラムにすべての機能を詰め込むのではなく、機能ごとに分割して関数化しているのであれば、関数ごとに呼び出してチェックできます。JUnitを利用するとデバッグが自動化できます。また、グラフィカル環境でのユーザの操作をまねて自動的にテストするSeleniumを使うと、効率よく操作テストができます。

**(※12)** ソフトウェアのテストの例は以下のとおり。
- 単体テスト：関数やメソッドの単位で行うテスト
- 統合テスト：単体テストが終わった部品を組み合わせて行うテスト
- システムテスト：ハードウェアや通信ネットワークなどと組み合わせて行うテスト

## 8 重要なプログラミング言語

第4項でプログラム言語のパラダイムを紹介したため、実際にWeb開発で使われるプログラム言語やその周辺のプログラム言語のより具体的な特徴を紹介します。(※13)

(※13) プログラム言語の概要に触れるのみとし、細かい単語や構文は本書の内容を超えるため省略。

### (1) C、C++、C#

最初に紹介するC言語は、**AT&Tベル研究所**で**UNIX**というLinuxの前身であるOSを作成するために使われ始めた言語です。手続き型プログラミングをするための制御構造であり、人間にわかりやすく抽象度が高いプログラミング言語(**高水準言語**)となっています。その後も、多くの新しいプログラム言語のコンパイラやインタプリタの作成にも多用され、以下に紹介するプログラミング言語の基礎となりました。

現在では、Linuxカーネルをはじめ、Linuxディストリビューションに含まれるツールやライブラリが、C言語やその発展形である**C++**で記述されています。C++はC言語の機能に加えて、**データ抽象、オブジェクト指向プログラミング、ジェネリックプログラミング**などのより高度なパラダイムが組み込まれているのが特徴です。つまり、C言語よりも高尚な記述を可能とした言語なのです。一方で、**C#**は、Microsoft社がC言語やC++に影響を受けて、軽くて扱いやすいインタプリタ型の言語を目標として開発・提供しました。

### (2) Java

王道といえるプログラミング言語に、Java言語があります。Java言語は、オブジェクト指向プログラミングをベースに**Sun Microsystems**社が開発し、現在は同社を吸収合併した**Oracle社**が開発・公開している言語です。オブジェクト指向以外の特徴としては、**マルチスレッド**や**分散コンピューティング**など現在のマルチCPUを意識した機能や、メモリ管理を自動化する**ガベージコレクション**機能を提供しています。

Javaコンパイラは、コンピュータが理解できるバイナリへの変換ではなく、Java仮想マシンが処理できるJavaバイトコードへの変換が仕事です。そのため、実行時に**Javaバイトコード**をJava仮想マシンが解釈しながら実行し、コンピュータに依存せずに実行できるプログラムとなりました。

### (3) PHP、Python

PHPやPythonは、Webサーバで実行しやすい軽量プログラミング言語(**Lightweight Language**)として人気が高く、さらにクライアントでの実行も可能です。Webサーバ向けの小さい部品的なサービスプログラムから、フレームワークを利用した大規模なWebシステムを素早く構築できるため、インタプリタ型の言語は人気が高いです。そして、組み込みや機械学習プログラミングの需要の高まりもあるため、PHPよりも**Pythonの利用率が飛躍的に増加**しています。

### (4) JavaScript

最後に、JavaScriptは、Webブラウザなどのクライアントで実行できるプログラミング言語であり、Web開発ではなくてはならないプログラミング言語です。インタプリタ型という気軽さと、Webブラウザと一体化したデバッグ環境が用意されているため、とても扱いやすい言語です。また、一段階ハードルが高くなるとはいえ、サーバでのJavaScriptの利用も可能です。

本書では、サーバで利用するプログラミング言語としてJavaScriptを取り扱っています。これは、サーバとクライアントの両方で同じJapaScriptのプログラムを使うほうが、**Web開発での作業の効率化が図りやすい**からです。

**コラム HTMLやCSSはプログラム言語か?**

HTMLはHTML言語やタグ言語と呼ぶことも多いため、プログラミング言語なのかと聞かれることもよくあります。プログラミング言語とするものは、第4項で出てきた3つの制御構造を備えた言語のため、HTMLはプログラム言語よりもタグ言語というのが適切です。同じく、XMLやSVG、PDFも、情報にタグ付けをして情報を整理するタグ言語であり、HTMLの仲間になります。 なお、第2章から紹介するCSSは、色やサイズなどの見た目を変えるだけのため、プログラム言語とはいえません。

# 1.2 Webアプリケーションのアーキテクチャ

## 1 クライアントサーバコンピューティング

本書で解説するWebベースの環境は、ネットワークを利用した**クライアントサーバモデル**のシステム構成となります。クライアントサーバモデルは、クライアントとサーバがネットワークでつながり、誰にでも公開されている**インターネット**でも活用されています。クライアントは、皆さんが利用しているPCやスマートフォンやタブレットなどの機器で、種類はさまざまであり、サーバは、インターネットのデータセンターなどにあるサーバ専用のコンピュータを使用します。

サーバ専用のコンピュータは、**オンプレ**(※1)と呼ばれる実機だけでなく、最近では、実機の中でソフトとして動いている仮想のコンピュータ（主に**AWS**(※2)）の割合が増えているようです。サーバとなるコンピュータで動いているOSは、第1節で紹介したLinux OSが90%以上のシェアを誇っています。

(※1) **オンプレ**
オンプレミス(on-premises)の略。自社で保有し運用するシステムの利用形態の1つ。

(※2) **AWS**
Amazon Web Serviceの略称。Amazon社が提供しているクラウド環境。コンピュータの上で動く仮想のコンピュータ環境の代表格(2022年12月現在、市場シェア50%)。

●図1-2-1　クライアントサーバシステムとインターネット

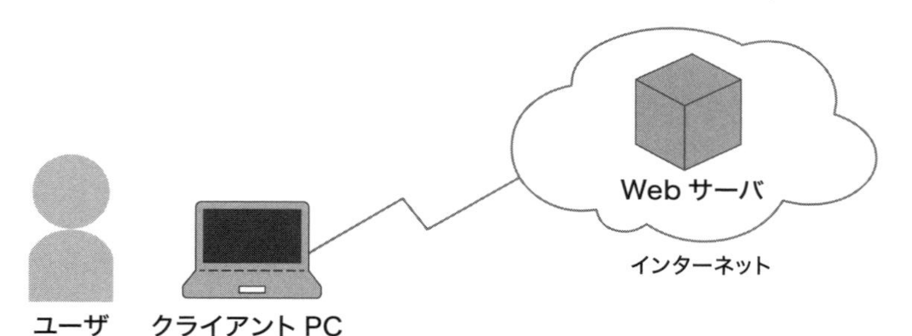


インターネットには無数のサーバがあるとはいえ、クライアントの多くは人気のサーバに集中すると考えられ、1つのサーバが複数のクライアントから同時に利用されます。同時といっても、非常に短い時間でサーバとクライアントが通信しています。このため、現実には、ネットワークインタフェース（ネットワークの出入り口）が1つしかないサーバの場合も、一定時間に複数のクライアントと通信が可能で

す。

人気が集中するサーバの場合は、クライアントとサーバの間に**ロードバランサ**という機器を置きます。そして、クライアントからのアクセスを、ロードバランサが同じ内容のデータを持つ複数のサーバへ順番に振り分けるなどの混雑緩和の対策がされています。

●図1-2-2 クライアントサーバシステムとロードバランサ

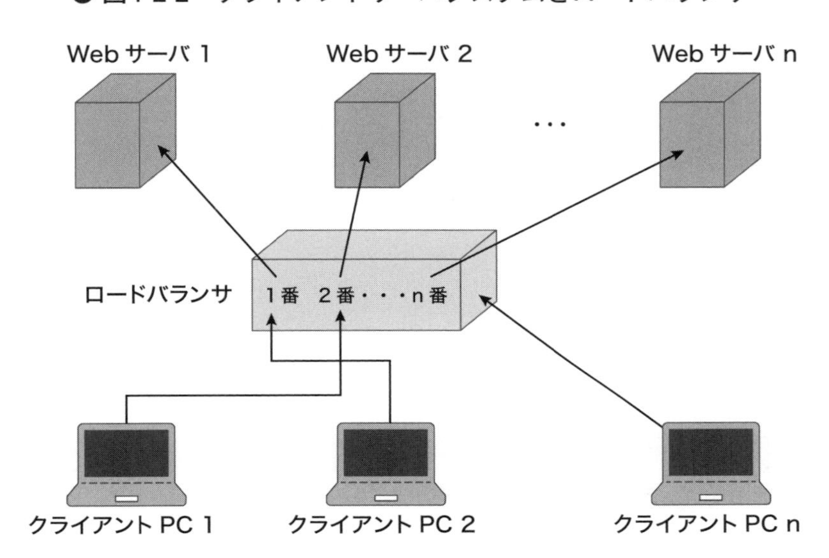


## 2 Web ブラウザの役割

Webベースのクライアントサーバモデルであれば、クライアントのWebブラウザは基本的に**HTTP**という通信方式を使ってサーバとやり取りをします。実際に、Webブラウザはサーバから HTML、CSS、JavaScript、画像などさまざまなファイルを受け取ります。サーバから受け取ったHTMLとCSSで構成されたドキュメントや画像ファイルを、Webブラウザがフォーマットに従って**レイアウト表示**し、JavaScript**言語の実行**にも対処しています。このWebブラウザのソフトウェアはいくつかの企業や任意団体が公開しています。

主なWebブラウザとしては、Google社が開発・配布する**Google Chrome**、Microsoft社が開発・配布する**Microsoft Edge**やInternet Explorer（※3）、Apple社が開発する**Safari**、非営利団体のMozilla Foundationが開発・配布する**Firefox**などがあります。（※4）

スマートフォンやタブレットには、WebブラウザでユーザがWeb

（※3） **Internet Explorer**
2022年6月をもってサポートが終了し、利用が非推奨となっている。

（※4） そのほかにOpera社が配布しているOperaがあった。

サイトを見る以外に、Webサーバへアクセスして情報を表示する専用アプリがあります。専用アプリといっても、HTTPでWebサーバとやり取りし、Webブラウザに使われているライブラリで結果を表示しているだけのものが多いようです。

● 図1-2-3　Webブラウザの表示例

①Google Chrome

②Firefox

③Edge

## 3 Webサーバとアプリケーションサーバの役割

クライアントサーバモデルでは、サーバからクライアントへ通信を始めるのではなく、クライアントの要求（リクエスト）があって初めてサーバが動き出します。つまり、クライアントが主体となって通信が始まります。Webベースのサーバは、大きく2つの形態に分類が可能であり、Webサーバ（以下、WebサーバまたはHTTPサーバ）とアプリケーションサーバ(※5)の2種類です。

（※5）**アプリケーションサーバ**
Tomcat やJBossなどと、Opacle社が開発・配布するJava開発キット（JDK：Java Development Kit）向けのサーバを指すことが多い。

●図1-2-4　Webサーバとアプリケーションサーバ

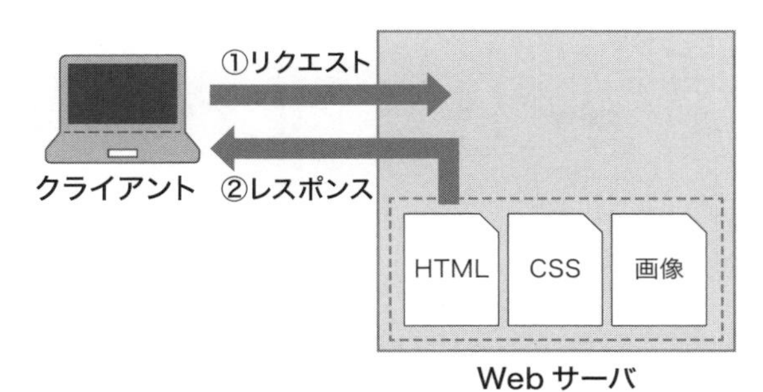


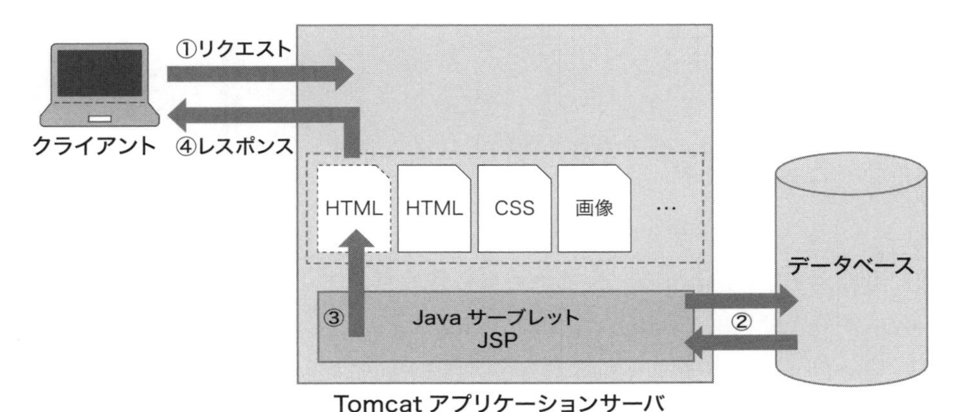


Webサーバは、クライアントから要求されたファイルを送り返すのが主な仕事で、付随して軽いプログラミング言語を解釈する機能が拡張できる仕様です。Webサーバで動作するプログラミング言語は、PHP、Ruby、Python、Perlなどのインタプリタ型言語が中心となります。今ではほとんど使われなくなりましたが、以前はC言語やPerlに対応する**CGI**（Common Gateway Interface）という仕組みが広く使われていました。

もう1つの形態であるアプリケーションサーバ（※6）は、クライアントの要求に応えるだけではありません。例をあげると、**データベースへの接続機能、Java言語の高度なJakarta EEへの対応機能、セキュリティ機能**などから構成されるアプリケーションソフトウェアを動かすサーバです。アプリケーションサーバは、主にビジネス用途の使用が考えられ、相応のCPUやメモリなどのリソースが必要といえます。

（※6）本書で対応するものは、正確には、Webアプリケーションサーバ。

## 4 Web開発技術

Webサーバが使われ始めた頃は、HTMLで書かれた簡単なドキュメントを提供するだけのもので、ドキュメントとドキュメントが相互にリンクする、**ハイパーリンク**機能が主な特徴でした。HTMLドキュメントはCSS機能の進化とともに見栄えの装飾が施されるようになり、企業や個人の情報発信をする**ホームページ**へと進化しています。そして徐々にプログラム言語を取り入れて、**静的なホームページからWebシステムやWebアプリと呼ばれるサービスを提供できる、動的なホームページ**という方向性が出てきました。このため、WebシステムやWebアプリを構築するには、HTMLやCSSという文章やデザインの知識に加え、もう一段上のプログラミングの能力とWebに関する知識が必要となります。

Web周りのプログラミングには、多くのオープンソース作成に使用されているC言語も使えましたが、サーバ上で動く少し軽めのプログラミング言語のほうが好んで使用されました。Perlで始まりPHP、そして、RubyやPythonへと、時代とともに流行が移りつつあります。昨今、Webシステムに使用されるプログラミング言語のほとんどが**インタプリタ言語**であり、気軽に作り始められる一方、言語のバージョンアップが早いため、Webシステムのバージョンアップ時に意外と手間がかかります。

当初のWeb周りのプログラミングは、次ページへの切り替え、つまり、ページ遷移が主でした。そして、サーバでのプログラミングは、サイトを制作するたびに同じような仕組みを作るともいえます。このため、重なる部分が多く、繰り返し作成する必要がある共通部分を、ライブラリ的に提供するフレームワークがいくつか公開され、重宝されています。

## 5 Web API

サーバのプログラムはHTMLページの生成が主な仕事でしたが、サーバ機の性能が向上して、サーバ機でより多くのプログラムを短時間で処理できるようになっています。JavaScriptを使ってクライアントの画面を書き換え、サーバ側は、しだいにクライアントプログラムに対応した本格的なサービスを提供する役割の比重が増えました。さらに、スマートフォンやタブレット端末向けアプリの普及により、クライアントは画面周り、サーバは専門の計算などと、仕事の切り分けがはっきりしてきました。

Webサーバは HTTP でのやり取りが可能なため、クライアントがHTTPリクエストで指示を出し、サーバがHTTPレスポンスで結果を返すというシンプルな方法になります。このクライアントから依頼された仕事をWebサーバが処理する仕組みは**Web API**（Web Aplication Programing Interface）と呼ばれ、専用のサーバが多く作られるようになりました。HTTPは通信の往復が1セットとなるため、Webクライアントが提供するクッキー（Cookie）やWebサーバが提供するセッションの情報も同時に使いこなせれば、より強力になります。

## 6 REST と GraphQL

Web APIの考え方の1つに、**REST**（Representational State Transfer）があります。RESTは、HTTPが提供しているGET、PUT、POST、DELETEという命令と、扱うリソースをまとめて表す**URI**（Uniform Resource Identifier）を使って要求に答えます。また、URIの中にリンク情報が含まれるため、リンク情報をたどって外部のリソースへの参照が簡単にできます。RESTに従ったシステムは、**RESTful**システムと呼ばれます。RESTはステートレス（状態を持たない）という考え方に従うため、クライアントが持つクッキーの情報やサーバが持つセッションの情報は使わないこととなっています。

近年、GraphQLというWeb APIが注目されています。GraphQLはRESTよりも効率的で、データベースサーバからデータをフェッチする（取って来る）ためのSQL言語のようなAPIで、堅牢かつ柔軟なアプローチを提供するWeb APIです。GraphQLを使うとクライアントが定義した形式のデータをサーバから受け取れるため、意図しない大きなデータの受信を防げたり、無駄な通信を減らせたりと、効率がよくなります。問い合わせの記述である**クエリ**の書き方は便利である一方、柔軟性が高くてさまざまな表現ができてしまうため、記述を読むと少々難しく感じられる面もあります。

## 7 シングルページアプリケーション（SPA）

Webサーバで実行できるプログラムだけを使って作ると、Webブラウザがサーバとのやり取りをし、画面遷移をするごとに次のページへのアクセスが繰り返されます。これは、Webシステムを利用するユーザからすれば、ページ読み込みで時間がかかりストレスを感じてしまいます。この**ストレスを軽減**するためには、サーバだけでなく、クライアント側でもプログラムを動かして、ユーザビリティを向上させることができます。

クライアントで動くプログラムは、ローカルのPCやスマートフォンで動いているアプリのように錯覚させることもできます。つまり、Webブラウザではプログラム言語のJavaScriptが動くため、JavaScriptの**Ajax**機能を使うと裏で密かに違うページのWeb APIなどへアクセスできます。そして、その違うページから受け取った結果を、JavaScriptで画面へ素早く反映できます。この**ページ遷移をしないで1つのページだけで動作するページ（プログラム）**の作り方を、シングルページアプリケーション（SPA：Single Page Application）と呼び、1つの大きな開発分野となっています。

## 8 プログレッシブWebアプリ

SPAではサーバへのアクセスが必要でしたが、SPAのような作りであれば、実行内容をサーバへ置かず、ローカルに置いて実行できるJavaScriptのプログラムも作れます。SPAともなり得るようなアプリケーションは、プログラムのJavaScriptファイル、基本となるHTMLファイル、デザインを形作るCSSファイル、そのほかの画像や音源のリソースファイルなどを、**Webアプリケーションとしてパッケージングすることが可能**です。

パッケージングしたアプリケーションを、プログレッシブWebアプリと呼びます。ただし、パッケージングされたWebアプリケーションを動かすには、Webブラウザの拡張機能でサーバを動かすなどの最新性が必要となります。

## 9 Webアッセンブリ

第1節で述べたとおり、JavaScriptはインタプリタ言語であるため、実行は特に速いというわけではありません。インタプリタ言語は、ソースコードを解釈しながら処理を実行するため、コンパイラなどに比べると実行時に解釈する時間が発生してしまうためです。そこで、C言語などのプログラムをWasm形式のバイナリへ変換しておき、実行時にWebブラウザ内のスタックベース仮想マシン(※7)でWasm(※8)バイナリを実行する方法があります。Wasm形式のバイナリは最適化されたバイナリのため、JavaScriptを解釈するよりも高速になり、効率よく、素早い解釈と実行ができる仕組みです。

**(※7) スタックベース仮想マシン**
CPUには、スタックというデータを積んで保存し、積んだ逆の順番でデータを取り出しながら元の形式へ戻す機能がある。そのスタックのように、積んだデータを取り崩しながら計算などの処理を進める方式を利用した仮想マシン。

**(※8) Wasm**
WebAssemblyの略称。仮想命令セットアーキテクチャ。OSなどに依存せず、仮想マシンによって実行可能なコードをいう。

## 10 コンテンツマネジメントシステム(CMS)

Webシステムの制作は、毎回だいたい同じような仕組みを作ることとなります。このため、個別に作り込む必要があるのは、表示させる日記や企業情報などのコンテンツとなる文章やデザインのほうといえます。プログラマではない人が1からプログラムを作成するのは非常に困難で、何よりも本業に差し支えてしまいます。一般の人向けに、**コンテンツの文章や画像をアップロードさえすれば、あとの組み合わせは仕上げてくれる仕組み**として、コンテンツマネージメントシステム(**CMS**:Content Management System)が多く提供されています。プログラムに触ることに抵抗のあるデザイナーや、事務職の人を中心に広く使われています。

ネットワークプロバイダがサービスの一環として提供しているCMSや販売しているCMSは、ソースコードが非公開ということも多いですが、有料のものも含め、オープンソースでいくつものCMSが提供されています。有料のCMSとしては**Movable Type**が有名でしたが、現在では、オープンソースで無料のCMSである**WordPress**が圧倒的なシェアを占めています。しかし、インターネットには膨大な数のCMSが公開されています。主流である軽量プログラミング言語のPerlやPHP以外に、Java(JSPやサーブレット)で作られているCMSなどもあります。

# 1.3 HTTPの基礎

## 1 GETメソッドとPOSTメソッド

順を追ってHTTPの通信内容と付随する処理を見てみると、以下のとおりです。

**①クライアントがサーバへリクエストを送信**
**②サーバがリクエストの命令に合わせた処理を実行**
**③サーバがクライアントへレスポンスを返信**
**④クライアントが受け取ったファイルを解釈して表示**

②はサーバでプログラムを実行するなどの付随作業で、④はクライアントが受け取ったファイルに対処する作業であり、どちらも通信プロトコルではありません。したがって、①と③がHTTPの通信プロトコルとして対処される内容です。それでは、①と③の詳細や、やり取りされるデータを細かく見てみましょう。

### （1）リクエストの送信

#### ①GETメソッド

リクエストの日本語訳が「要求」であることからわかるように、クライアントがサーバへ命令を送る作業です。リクエストを送ることでHTTPの送信方法の1つにGETメソッドがあり、実際に送信されるメッセージの例は、以下のとおりです。

```
GET /index.html HTTP/1.1
Host: www.lpi.org
Connection: keep-alive
User-Agent: Mozilla/5.0 (Macintosh; Intel Mac OS X 10_15_7)
    AppleWebKit/537.36 (KHTML, like Gecko) Chrome/104.0.0.0
    Safari/537.36
Accept: */*
Referer: http://localhost:8080/
Accept-Encoding: gzip, deflate
Accept-Language: ja,en-US;q=0.9,en;q=0.8
```

リクエストメッセージの1行目の最初にあるGETがサーバへ送られる命令で、この命令のことを**メソッド**と呼びます。GETは、続くファイル名 /index.htmlの要求となります。1行目の最後にあるHTTP 1.1は、HTTPのバージョン1.1の方式を使うという指示です。GET以外には、POST、HEAD、DELETE、OPTIONS、TRACE、CONNECTというメソッドがあり、HTTPのバージョンアップに伴って追加されてきました。それらのメソッドの中でも、GETメソッドとPOSTメソッドの利用が基本的で大部分を占めています。

■ 表1-3-1　メソッドの種類

| メソッド | 内容 |
|---|---|
| GET | URL指定のリソース ファイルまたはプログラムの結果を取得、URLに引数を付与 |
| POST | URL指定のリソース ファイルまたはプログラムの結果を取得、送信ヘッダの後に引数を付与 |
| HEAD | ヘッダ情報だけを取得 |
| PUT | URL指定のリソースを送信したデータで置き換え |
| DELETE | URL指定のリソースを削除 |
| CONNECT | PROXYへの接続を要求、URL指定のサーバへのトンネル作成 |
| OPTIONS | URL指定したリソース ファイルの通信オプションの取得 |
| TRACE | 送信されたヘッダ情報をそのまま返信（ループバックテスト） |
| PATCH | URL指定したリソースファイルの部分変更 |

2行目以降は、フィールド名とその内容が：（コロン）で区切られて1行ずつ送られます。connectionは、通信をいちいち切らずに、続けてデータを送るkeepalive方式を指定しています。そのほかのフィールドで指定されている情報のほとんどは、Webブラウザが送るクライアントの情報です。

■表1-3-2　フィールド名の種類

| フィールド名 | 内容 |
|---|---|
| Accept-Encoding | 利用可能なエンコーディング形式 |
| Accept-Language | 利用可能な文字エンコーディング形式 |
| Agent | 利用可能なMIMEタイプ |
| Connection | 接続の永続性情報 |
| Host | リクエストホスト名 |
| Referer | 直接アクセスしていたURL |
| UserAgent | Webブラウザの情報 |
| TRACE | 送信されたヘッダ情報をそのまま返信（ループバックテスト） |
| PATCH | URL指定したリソースファイルの部分変更 |

ユーザがテキストボックスなどに入力した情報は、2行目以降のデータとして送られます。ユーザが送る情報は、GETメソッドでは要求ファイルの後に付いて、以下のようになります。

```
GET /index.php?onamae=hogehoge&password=fugafuga HTTP/1.1
```

index.phpファイルの後の「？」（クエスチョン）からスペースの前（fugafugaの最後のa）までが、ユーザがテキストボックスなどに入力した情報です。情報は名前と値が「＝」でつながれて1セットとなり、2セット目以降は情報と情報の間に「&」（アンパサンド）が入ります。

### ②POSTメソッド

もう1つの送信方法として、POSTメソッドがあります。POSTメソッドでユーザが情報を送る場合は、送信したいデータがリクエストメッセージのフィールド名の羅列の最後に追加して送信されます。追加で送られるメッセージは、GETで送るときの名前と値のセットが「&」で区切られた形式と同様です。

```
onamae=hogehoge&password=fugafuga
```

### (2) レスポンスの返信

レスポンスでは、対処した結果をサーバがクライアントへ返信します。返信する内容としては、OKだった、エラーだったなどのメッセージと一緒にステータスコードを返します。

■ 表1-3-3　主なステータスコードの種類

| 情報レスポンス（100～199） | | |
|---|---|---|
| コード | メッセージ | 内容 |
| 100 | Continue | ヘッダリクエストを受信、リクエスト本文の受け取り準備完了 |
| 101 | Switching protocols | プロトコル切り替えの準備完了 |
| 102 | Processing | レスポンスを提供できない状態(WebDAV) |
| **成功レスポンス（200～299）** | | |
| コード | メッセージ | 内容 |
| 200 | OK | リクエストが成功した |
| **リダイレクトメッセージ（300～399）** | | |
| コード | メッセージ | 内容 |
| 301 | Moved Permanently | リクエストURLが永久に変更された |
| 302 | Found | リクエストURLが一時的に変更された |
| 304 | Not Modified | リクエストURLが変更されていないため、キャッシュ使用を優先する |
| **クライアントエラーレスポンス（400～499）** | | |
| コード | メッセージ | 内容 |
| 400 | Bad Request | リクエストの構文が無効のため、リクエストが無効 |
| 401 | Unauthorized | リクエストへのアクセスが未承認 |
| 403 | Forbidden | リクエストへのアクセスが未承認（クライアントIDは認知） |
| 404 | Not Found | リクエストURLのリソースが不在 |
| **サーバエラーレスポンス（500～599）** | | |
| コード | メッセージ | 内容 |
| 500 | Internal Server Error | サーバ内でエラー発生（プログラムエラーなど） |
| 503 | Service Unavailable | サーバが処理できない状態 |

**表1-3-3**のとおり、ステータスコードは3桁の数字になっており、一番大きな桁（一番左の百の位）の数字でグループ分けされていま

す。実際に送られてくるメッセージヘッダの例は、以下のとおりです。

```
HTTP/1.1 200 OK
```

最初は通信の方式とバージョン、次はステータスコード、最後に複数行のメッセージが付きます。これもメッセージヘッダのため、ステータスコードの後の2行目以降は、フィールド名とその内容が：で区切られて1行ずつ返されます。最後に、実際のデータ、ファイルを要求したのであればファイルの内容が続きます。ファイルがない場合は、以下のとおりにエラーメッセージとなります。

```
HTTP/1.1 404 Not Found
```

## 2 静的コンテンツと動的コンテンツ

前節で述べたとおり、Webの誕生期の段階では、HTMLとCSSで構成された動きのない、大人しいともいえるホームページが主流でした。このホームページは、サーバに置いてあるファイルをクライアントへ渡すだけのため、書き換えられない静的なファイルであり、静的なコンテンツと呼びます。最近になって多用されるようになったJavaScriptのファイルは、クライアント側では動作してもサーバ側で動的に書き換わることはないため、静的コンテンツに分けられます。

Webサーバが進化した1990年代後半は、サーバ側でプログラミング言語を動かせるようになりました。HTMLやCSSなどの静的ファイルを動的に作り出せるようになり、サーバで動的に作られてクライアントに渡されたページを、動的コンテンツと呼びます。あくまでも、**サーバ側で動的に生成されたコンテンツ**という定義です。PHPやPythonなどのプログラミング言語は、HTMLファイルとCSSファイルに限らず、画像や音声などのデータを動的に作り出すこともあります。

## 3 HTTPのURL

Webのコンテンツであるホームページや SNSのサイトへアクセスするときに、2010年頃からは検索サイトの検索結果を開くようになりました。というよりも、Webブラウザ中央のテキストボックスに知りたい単語を入力してEnterキーを押すと、検索していることさえ意識しないで、勝手に表示される候補リストのいくつかをクリックして見るようになったからです。また、一度アクセスしたサイトをブックマークしておき、ブックマークをクリックして再度アクセスするユーザも多くいます。そのため、本来必要なサイトの住所であるURL（Uniform Resource Locator）を意識する人は少なくなりました。

このURLは、インターネット上のWebサイトだけではなく、**データベースやファイルのサーバなどのリソースを表す**ため、実は非常に重要です。たとえば、メールアドレスであれば、mail://info-ja@lpi.org のような表記となります。ただし、本書では、HTTPでのWebサーバへのアクセスが主な利用となるため、httpやhttpsで始まるサイトへのアクセスの記述方法を説明します。

実際にHTTPSでWebサイトにアクセスするときには、以下のようにURLを記述します。

```
https://www.lpi.org/ja
```

最初の https: は、アクセスするWebサイトのスキーム名となり、https はHTTPSでのアクセスを指します。第10項で述べるとおり、だんだんと控えられているHTTPを利用する場合のスキーム名は、http:となります。次の www.lpi.org はアクセスするサイトのホスト名＋ドメイン名からできている**FQDN**（Fully Qualified Domain Name）で、IPアドレスと対応した世界に1つのユニークな名前となります。名前とIPアドレスを対応させるためには、名前が DNS（※1）に登録されている必要があります。最後の /ja はパス名です。

（※1）**DNS:Domein Name Service**
インターネットのドメイン情報を管理するシステムで、問合せると、FQDNに対応するIPアドレス、メールサーバ、サブドメインのDNSサーバなどを教えてくれるサービス

## 4 ファイルのマッピング

パス名は Linux（UNIX）OSの世界で使われる用語で、ファイル名またはディレクトリ名、あるいは、ディレクトリ名＋ファイル名で構成されます。HTTPでアクセスしたファイルは、Webサーバによって

Webサーバのファイルシステムのいずれかのパスへマッピングされています。WebサーバであるLinux OSのファイルシステムは、ディレクトリを使ったツリー構造のファイルシステムです。

ディレクトリ内のファイルを参照するには、ファイル名だけでなく、ファイルがあるディレクトリも含めた相対パスが必要になります。Webサーバのファイルシステムでファイルがマッピングされている一番大本のディレクトリを、**ドキュメントルート**と呼びます。実際に、Apache HTTP Serverでのドキュメントルートの設定は、以下のように記述されます。

```
DocumentRoot /var/www/html
```

この記述は、URL内のドメイン名の後の/が Webサーバの/var/www/htmlディレクトリを参照する設定です。サーバのディレクトリ内がすべて見えるというと危うい感じがしますが、設定によっては、ファイル一覧を見せなくしたり、アクセスできないファイル群を指定したりできます。そのため、適切な設定をすれば問題も少ないでしょう。なお、余計な設定をしなければ、デフォルトの状態で**ドキュメントルートより上の階層のディレクトリやファイルはアクセスできない**ため、心配ありません。

● 図1-3-1　Webサーバのドキュメントルート

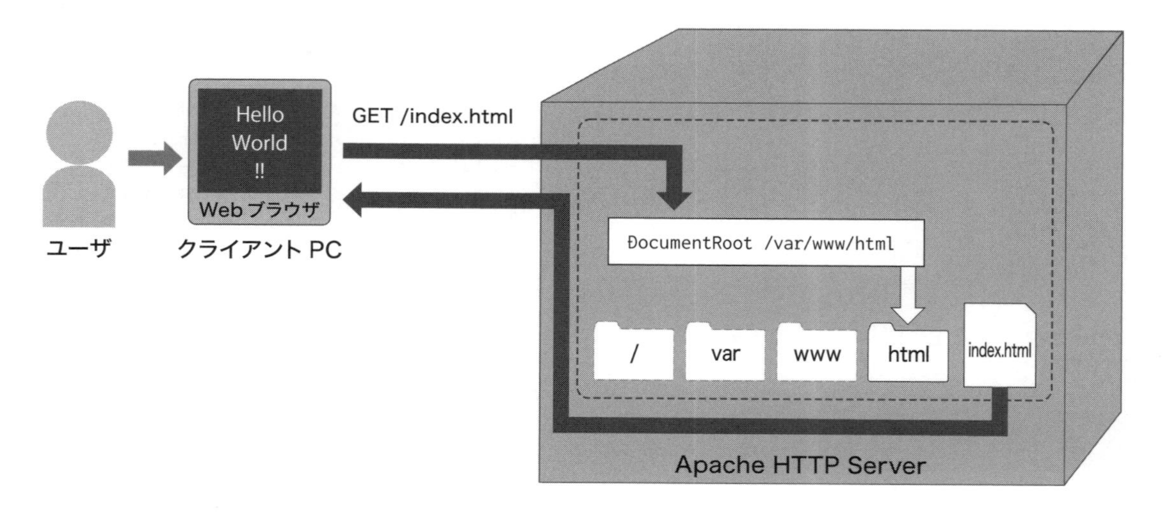

## 5 ファイルのアップロード

Webブラウザから URL を指定して Web サーバのコンテンツへアクセスすると、Webサーバのドキュメントルート、たとえば、/var/www/htmlを参照します。そのため、手持ちのPCで作成したHTMLファイル、CSSファイル、画像ファイル、JavaScriptファイルを、Webサーバのドキュメントルート以下の必要な場所に置いておく必要があります。

以前は、PCのftpクライアントからftpサーバへアクセスしてファイルをftp（File Transfer Protocol）転送していましたが、セキュリティの問題があり、この方法は避けたほうが無難です。現在では、ftpの代わりに、**PCのsftpクライアントからsshサーバ（sshd）へファイル転送する**のが常識となっています。sshdは、複雑な鍵交換アルゴリズムを使ってセキュアなリモートアクセスを可能とするサーバソフトウェアです。クライアントの端末ソフトからssh接続してコンソール環境[※2]を利用する用途がメインなうえに、**セキュアなファイル転送の機能**も持ちます。

もちろん、sshが完璧なセキュリティ環境というわけではありません。RSAやDSAという公開鍵暗号を利用したり、暗号化する鍵を複数回交換したりすることで、短時間には破られにくく、現状のコンピュータでは解読が難しい暗号化通信を実現しています。

**（※2）コンソール環境**
元はサーバの設定などに使うハードウェアの端末（VT 100など）であったが、現在ではソフトウェアで提供される環境。端末のエミュレーション（本来の仕様と異なる動作環境で擬似的に実行する機能）や、通信プロトコルのsshの機能が提供されている。

## 6 キャッシュ

Webのコンテンツを見るときは、インターネットを介してファイルをダウンロードすることが、Webブラウザの動きの半分くらいを占めるでしょう。同じホームページを何回も見る場合には、同じデータを繰り返してダウンロードすることになり、時間もネットワーク帯域も無駄になるというのは理解できます。この同じファイルを何度もダウンロードするという時間の無駄を低減する手法にキャッシュがあり、現在では、2種類のキャッシュを解決に利用しています。

### ①ローカルキャッシュ

1つ目のキャッシュは、Webブラウザが読み込んだファイルをローカルのファイルシステムに保存しておき、再び同じファイルをアクセス要求したら、保存したキャッシュファイルで対応するローカルキャッシュです。なお、キャッシュが増え過ぎた場合は、アクセスの少ないファイルや日付の古いファイルを消すなど、Webブラウザが処理してくれます。

**②共有キャッシュ**

2つ目のキャッシュは、ネットワークプロバイダの地域や学校ごとに用意されたキャッシュサーバによる共有キャッシュです。JavaScriptのライブラリやフレームワークなどは、特に、コンテンツデリバリーネットワーク（CDN:Content Delivery Network）経由のキャッシュサーバを使うことで、ネットワークの負荷が劇的に少なくなり、ユーザの速度も増すというよい結果が得られます。ただし、管理者側は、キャッシュサーバに悪意のあるプログラムが混入しないように管理するなど、**セキュアな対策が必要**となります。

## 7 クッキー

Webアクセスは、リクエストとレスポンスという1組の通信を1つのセットとしているため、組が異なればその通信は無関係ともいえます。新しい送受信が前の送受信と違うくくりとなるのが、どういう意味かを考えてみましょう。

たとえば、ネットショッピングで、前に買い物カゴに入れた商品が次のページでは忘れられてしまうとしたら、かなり不便ではないでしょうか。もし、この特性を配慮してショッピングページを作るのであれば、購入ボタンを押す1ページ内で、商品の選択と住所や名前の入力などすべての情報を間違わずに渡す必要が出てきます。これは、ユーザとしては、1回勝負のような操作となるため、精神的負担が増して面倒に感じ、買い物をあきらめてしまいかねません。

この問題を解決するために、Webクライアントにはクッキーという機能があります。クッキー情報はクライアントに保存しつつ、毎回のリクエストで自動的にWebクライアントからWebサーバへクッキー情報を転送します。Webサーバ上でPHPなどのプログラムがクッキー情報を受け取り参照できるため、プログラム内で買い物カゴに入っている商品情報をどこのページでも計算できます。ただし、クッキー情報はWebクライアントに保存されることから、故意に情報へアクセスされてしまう可能性が大きいため、パスワードやクレジットカードのような重要な情報には使うべきではありません。

● 図1-3-2　クッキー情報の伝達

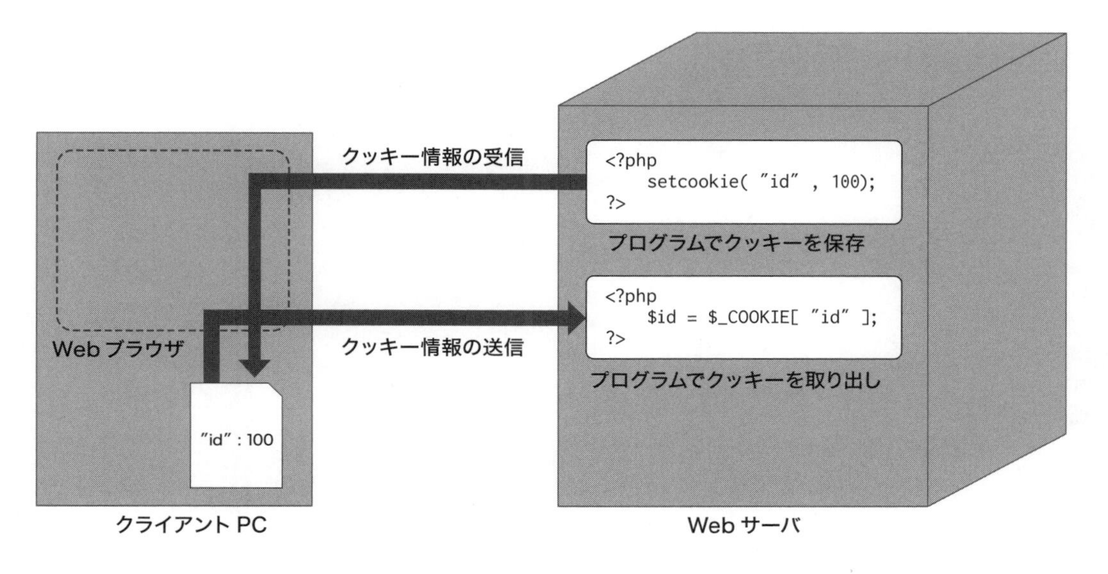


## 8 セッションとセッションハイジャック

Webクライアントに保存されるクッキー情報が少しセキュアな問題を持つのに対処して、情報をより安全なWebサーバに置くことも可能です。Webサーバに情報を保存する方法を、セッションと呼びます。セッションに格納された情報はWebサーバのメモリに置かれるため、クッキー情報よりは各段に不正アクセスがしにくくなります。しかし、経過時間の長期化や情報量の増加によってセッション情報がファイルへ保存されることで、セッションに対する安全性もだんだんと低下すると考えられています。

●図1-3-3　クッキー情報とセッション

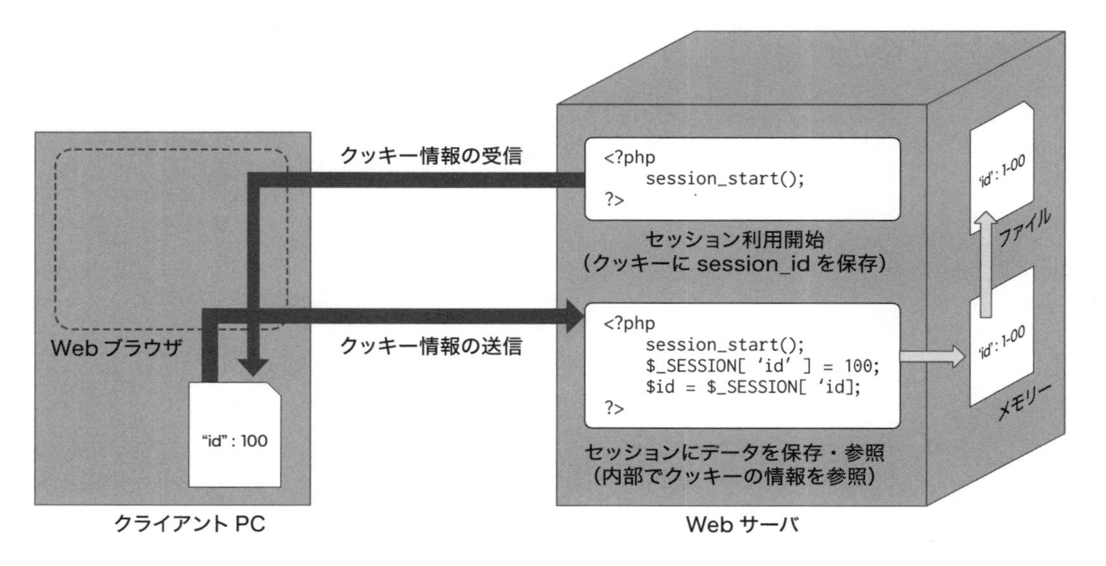


セッションにアクセス可能なWebクライアントかどうかの判定は、クッキーに保存された情報を使うため、クッキーを見ればセッションの悪用が可能です。Webクライアントと偽ってサーバとのセッション（通信）を乗っ取る行為を、**セッションハイジャック**と呼びます。セッションハイジャックを防げなかった場合の対応策として、WebクライアントのIPアドレスや、前にアクセスしていたページが同じFQDNかどうかなどの厳重な確認も必要となります。

## 9　HTTPサーバ

これまで、HTTPサーバとして一般に利用されているソフトウェアとして、Apache HTTP Serverがかなりの割合を占めていました。Apache HTTP Serverは長年の実績があり、さまざまな要望に応えるための高機能を備えています。ドキュメントやノウハウも多く蓄積されているため、一般の人は、Apache HTTP Serverの利用が無難です。

一方で、W3Techsの調査によると、NginxというWebサーバとなるソフトウェアの利用数が逆転して増加しいる結果も多く見受けられます。Nginxは、後発のためドキュメントなどは少ないとはいえ、作りが複雑化していなくて軽く、より高速に対応したいといった用途で人気があるようです。利用数が増えたことで、ノウハウが溜まったり、問題解決されたりすると、さらに利用数が増えるでしょう。

## 10 HTTPSとTLS

Webでは長年、HTTP（Hyper Text Transfer Protocol）が使用されてきました。しかし、ネットワークの利用が増え、安全性を求める世の中となり、セキュアなHTTPS（Hyper Text Transfer Protocol Secure）の使用が常識となりました。HTTPSの安全性は、HTTPSで使われるSSL/TLSプロトコルが担保しています。HTTPのSSL/TLSを使わない通信では、パスワードやクレジットカード番号などを送る際に、情報をそのまま転送しています。そのため、通信が傍受されると、パスワードの文字列やクレジットカードの番号をすべて見られてしまいます。

一方、HTTPSで使われるSSL/TLSを使うと**送信情報が暗号化される**ため、途中で通信を傍受できたとしても、何が書いてあるかすぐにはわかりません。もちろん、鍵の代わりに1, 2, 3, …と適当な数値で順番に総当たりすれば解けなくないとはいえ、大きな桁の数字を暗号化の種子に使うため、解析するのにかなりの時間がかかるでしょう。また、暗号化するための鍵を更新する数字も暗号化して何度か送り合うため、より時間がかかって、高速なコンピュータを使っても正解にたどり着きにくいはずです。情報の解読に時間がかかるため、情報を読み取りだけでなく、情報を書き換える操作も同じく難しくなっています。

HTTPは、WebクライアントからTCP[※3]の80番ポート[※4]へリクエストのアクセスが来たときに、Webサーバがレスポンスします。SSL/TLSプロトコルで安全通信を確保したうえでHTTPのやり取りをするHTTPSで通信するときに利用するのは、TCPの443番ポートとなります。

（※3）**TCP**
Transmission Control Protocolの略称。伝送制御プロトコルで、インターネットプロトコルスイート（標準的に利用されている通信プロトコルのセット）の中核の1つ。

（※4）**80番ポート**
インターネットでデータ転送するには、送信元と送信先にIPアドレスとポート番号が必要である。データを受信する側のポート番号は固定であり、80番はWebサービスに使われる。

## 11 WebSocket

HTTPが送受信の単一コネクションであるのに対し、通信をし続けるWebSocketという規格があります。WebSocketはHTMLの仕様に含まれ、HTTPと同じようなコマンドなどのメッセージやステータスのメッセージを送受信するため、似ているとはいえ、HTTPとは別物のプロトコルとなります。継続したやり取りができるWebSocketを使ったアプリケーションが各所で作られています。

## 12 バーチャルホスト

Webサーバの指定はURLによりますが、URLに出てくるFQDNには対応するIPアドレスが必要です。現在使われているIPアドレスは、インターネットで使われているIPv4と呼ばれる2進数で32桁の数字（16進数で8桁の数字を2桁ずつ4つに分割し、それぞれ10進数に変換した数をつなげた数字）（32ビット＝4バイト）で表されるため、IPアドレスの数が限られます。IPアドレスの数が少ないのを補うために、1台のWebサーバで複数個のFQDNに対応するケースも多くあります。複数のFQDNに対応するために、Webサーバはバーチャルホストという機能を用意しています。Apache HTTP Serverでは、バーチャルホストの設定を、以下のように記述します。

```
NameVirtualHost *:80
<VirtualHost *:80>
    DocumentRoot /var/www/example1
    ServerName www.example1.com
</VirtualHost>
```

1行目のNameVirtualHostで、すべての80番ポートへのアクセスをバーチャルホスト対応としています。2行目の<VirtualHost>から5行目の</VirtualHost>までが、1つのバーチャルホストについての記述となります。3行目ではトップとなるドキュメントルートのディレクトリを指定し、4行目では対応するFQDNを指定しています。

## 13 ネットワーク帯域

WebクライアントからHTTPで通信する先のWebサーバの多くは、自分がPCを使っている学校や職場と同じ場所にあるとは限らず、インターネットの先のどこかのプロバイダやデータセンターに存在します。サーバからインターネットへ送られるデータ回線の帯域は、プロバイダ、学校、職場、自宅などのどれを取っても同じではありません。サーバを提供するプロバイダやデータセンターなどでは、料金によってインターネットへ出ていくネットワーク帯域を制限しています。

通信を開始すると、データはインターネットの中をたどるため、流れたネットワークに影響されて時間がかかるため、ネットワークの速度は、お金を出して帯域制限を解除すれば解決できる問題とも限りません。HTTPリクエストに対して遅延が発生するのは、回線状態によっては仕方がない場合もあるでしょう。

### コラム Webサーバを提供するサービス

インターネットで一般ユーザ向けのホームページや買い物サイト、SNSといったサービスを提供するにはWebサーバが必要です。インターネットの始まりの頃は専用回線を学校や職場へ直接引き込み、自前でWebサーバを立てていました。規模が大きくなったためか、しだいに通信業者であるNTTなどの通信プロバイダが提供するデータセンターに職場サーバを置くようになりました。データセンター専門の業者も増えて、データセンターに置いたサーバをレンタルしたり、レンタルサーバも分割して複数組織へレンタルしたりするなどのパターンも出てきました。ここまでは物理的なコンピュータを使っていましたが、だんだんと仮想化の技術が実用化され、コンピュータの中で仮想的に動いているWebサーバをレンタルし始めるようになりました。

さらに、仮想化の技術が進み、必要な資源を必要なときに拡張(時間貸し)可能なサービスと呼べるWebサーバなどが提供されています。Amazon社、Google社、Microsoft社などの巨大企業が大規模にクラウドサービスと銘打って提供し、広く世間で使われるようになっています。

**問題 1**

機械学習や組み込みなど多くのライブラリが用意されたインタプリタ型の言語は何か。次の4つの中から正しい解答を1つ選びなさい。

1. C言語
2. Java
3. Python
4. PHP

解　答 ____________________

**問題 2**

プログラムのソースコードから実行形式へ変換する行為は何か。次の4つの中から正しい解答を1つ選びなさい。

1. ジェネレートする
2. ダンプする
3. インタプリタする
4. コンパイルする

解　答 ____________________

**問題 3**

プログラムを作るときに特定の機能や繰り返し記述する内容を関数にし、関数をまとめて後から使えるようにしたプログラムの総称は何か。次の4つの中から正しい解答を1つ選びなさい。

1. クラス
2. ヘッダ
3. ライブラリ
4. フレームワーク

解　答 ____________________

**問題 4**

プログラムを作成する際にソースコードをコンピュータへ入力・編集する必要がある。ソースコードの入力・編集をするプログラムの名称は何か。次の4つの中から正しい解答を1つ選びなさい。

1. テキストエディタ
2. マップエディタ
3. ワードプロセッサ
4. アイデアプロセッサ

解　答 ______

**問題 5**

複数人でプログラムを作成する際にソースコードを統合管理するツールの具体的なプログラム群の名称は何か。次の4つの中から正しい解答を1つ選びなさい。

1. VSCode
2. Git
3. emacs
4. npm

解　答 ______

**問題 6**

インターネットでWebブラウザとWebサーバから構成されるシステムの名称は何か。次の4つの中から正しい解答を1つ選びなさい。

1. スターモデル
2. クライアントサーバモデル
3. アプリケーションサーバモデル
4. ピアツーピアモデル

解　答 ______

**問題7**

ユーザのWebブラウザからインターネット上のWebサーバへアクセスして動くアプリケーションの名称は何か。次の４つの中から正しい解答を１つ選びなさい。

1. Webアプリケーション
2. Webアッセンブリ
3. ロードバランサ
4. プログレッシブWebアプリ

解　答 ＿＿＿＿＿＿＿＿＿＿＿＿＿＿＿＿

**問題 8**

インタプリタ型言語でインターネット用のWebサーバで主に使われるLightweight Languageの代表格の言語は何か。次の４つの中から正しい解答を１つ選びなさい。

1. C言語
2. C++
3. Java
4. PHP

解　答 ＿＿＿＿＿＿＿＿＿＿＿＿＿＿＿＿

**問題 9**

WebブラウザとJavaScriptを利用して、サーバがなくてもクライアント環境で動作するアプリケーションの名称は何か。次の４つの中から正しい解答を１つ選びなさい。

1. Webアプリケーション
2. Webアッセンブリ
3. プログレッシブWebアプリ
4. ロードバランサ

解　答 ＿＿＿＿＿＿＿＿＿＿＿＿＿＿＿＿

## 問題10

Webブラウザから Webサーバへデータを送信するとき、リクエストメッセージの最後にデータを追加して送信する方式の名称は何か。次の４つの中から正しい解答を１つ選びなさい。

1. GETメソッド
2. POSTメソッド
3. クッキー
4. セッション

解　答 ____________________

## 問題11

複数サイトのリクエストを１つのWebサーバで識別して対応するために使うリクエストヘッダのフィールド名は何か。次の４つの中から正しい解答を１つ選びなさい。

1. User
2. Accept
3. Host
4. Content

解　答 ____________________

## 問題12

Webアクセスを素早くするためにWebブラウザがローカルに保存したり、インターネット側ではCDN（Content Delivery Network）を使用したりすることで得られる機能は何か。次の４つの中から正しい解答を１つ選びなさい。

1. プロバイダ
2. キャッシュ
3. ライブラリ
4. プロトコル

解　答 ____________________

**問題13**

Webブラウザがショッピングカートなどの最重要でない情報をローカルに保存する機能は何か。次の４つの中から正しい解答を１つ選びなさい。

1. データベース
2. ページ
3. セッション
4. クッキー

解　答 ＿＿＿＿＿＿＿＿＿＿＿＿＿＿＿＿

**問題14**

Webサーバがログインしている状態などの重要な情報を一時的に保存する機能は何か。次の４つの中から正しい解答を１つ選びなさい。

1. データベース
2. ページ
3. セッション
4. クッキー

解　答 ＿＿＿＿＿＿＿＿＿＿＿＿＿＿＿＿

**問題15**

インターネットで広く使われいるWebサーバの名称は何か。次の４つの中から正しい解答を２つ選びなさい。

1. Apache HTTP Server
2. Apache Subversion
3. nginx
4. enginx

解　答 ＿＿＿＿＿＿＿＿＿＿＿＿＿＿＿＿

# 第2章

# HTMLドキュメントマークアップ

# 2.1 HTMLドキュメントの構造

## 1 基本的なHTMLドキュメントの作成

ハイパーテキストマークアップランゲージ（HTML:HypterText Markup Language）は、文章を**整形**してハイパーテキスト化するための**マークアップ言語**です。**ハイパーテキスト**とは、HTMLの特徴の1つで、複数のHTML文書が相互につながるリンク機能により、文書間のつながりを実現しています。マークアップ言語は、言語と呼んではいますが、制御構造を記述できないため、第1章で述べたJavaScriptなどのようなプログラミング言語ではありません。

HTMLは、バージョンがアップデートするごとに機能を増やし、2012年にリリースされた**HTML5**（バージョン5）を基に現在へ至っています。(※1) HTML5までは、W3C（World Wide Web Consortium）という非営利の標準化団体が規格を策定していました。現在のバージョンであるHTML Living Standardは、**WHATWG**（Web Hypertext Application Technology Working Group）というApple社、Google社、Microsoft社、MozillaやOperaの開発者からなるコミュニティが規格を策定しています。

（※1）2016年にHTML5.1、2017年にHTML5.2、2021年にHTML Living Standardと規格名も変更。

● 図2-1-1 HTML5以降のバージョンの変遷

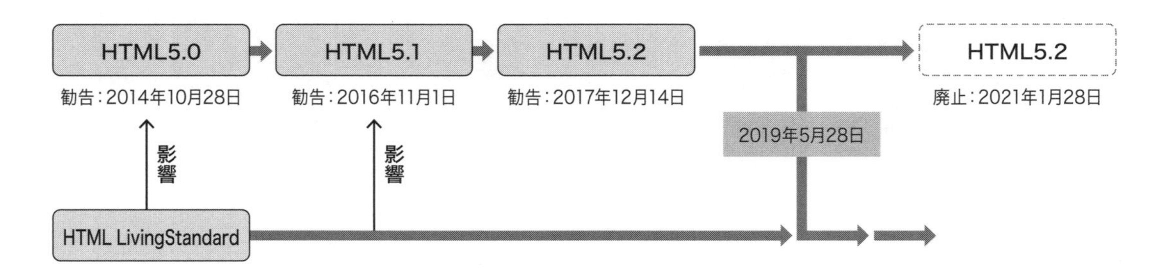


## 2 HTMLの役割

HTMLを使ってできる表現は、テキストである文章を**管理**する機能が主であり、文章の**抽象構造**を作り込む機能が多く提供されています。あくまでも、文章というコンテンツを記述・整理するためのタグ機能が主とはいえ、わずかに見栄えをよくする機能も残っています。しかし、HTMLの見栄えを整える機能は、できれば使わないほうがよいでしょう。HTML文書の見栄えをよくするためには、第3章で説明するCSSを使う方向で考えてください。

HTMLの主な機能として、文章の情報の定義、文章の**見出し**や**本文**の定義、**テーブル**の表記、項目を並べ**リスト一覧**化、画像や動画などのマルチメディアデータの埋め込みがあります。

● 図2-1-2　HTMLとCSSの役割

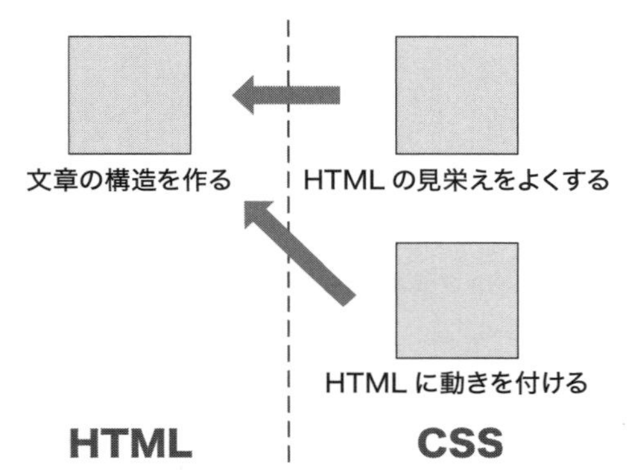


## 3 HTMLの書式

HTMLを記述するとき、htmlタグであれば「＜」（小なり記号）と「＞」（大なり記号）でhtmlを囲んで **<html>** と記述し、<html>要素またはhtml開始タグと呼びます。htmlタグ、つまり、<html>要素の多くは、**対**（組）となる **</html>** 要素の終了タグがあります。ただし、タグによっては、終了タグがないmetaタグのような<meta>要素などがあります。また、htmlタグを記述するときは、大文字と小文字のどちらでもかまいませんが、小文字での記述が推奨されています（**図2-1-3**参照）。HTMLの記述は、開始タグと終了タグの間に複数のタグを挟み込んでいくこととなります。挟んでいるタグから見て挟まれているタグを子要素と呼び、逆に、挟まれているタグから見て挟んでいるタグを親要素と呼びます。子要素のタグもさらにタグを挟む形となり、何重にもタグが挟まれたり、親要素の中に複数の子要素が並列になったりする形もあります。子のタグが閉じる前に親のタグが閉じることはありません。

● 図2-1-3　タグの親子関係

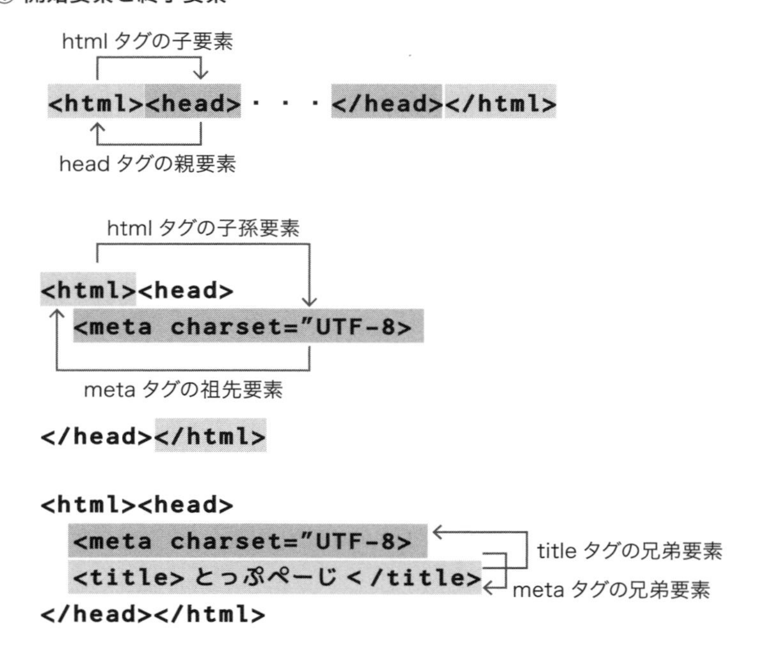


②開始要素と終了要素の不成立

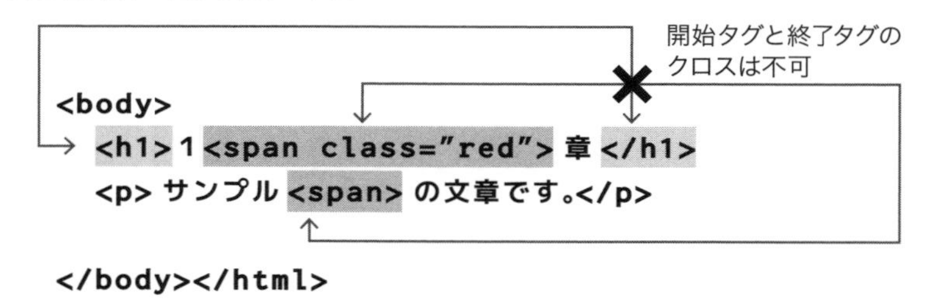


**表2-1-1**に、必要な4つのタグを紹介します。

■ 表2-1-1 タグの種類

| タグ | 内容 |
|---|---|
| <!DOCTYPE html> | HTMLファイルの1行目に記述。DOCTYPEは小文字で書いても大文字で書いてもいい。 |
| <html>〜</html> | HTMLドキュメント全体を囲むタグ |
| <head>〜</head> | ドキュメントのメタ情報を囲むタグ→非表示 |
| <body>〜</body> | ドキュメントのコンテンツを囲むタグ→表示 |

● 図2-1-4　<html lang="ja">要素

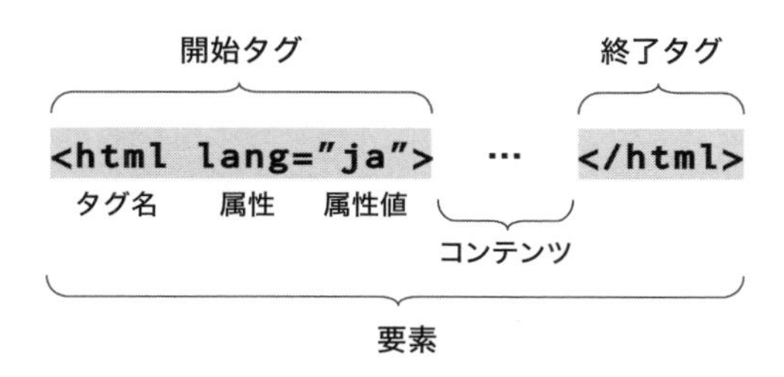


**図2-1-4**のとおり、タグの中にはさらに詳細を指定する属性を記述でき、タグの属性は数値または文字列の値を持ちます。属性の値は「"」(ダブルクォーテーション)で囲んだ文字列です。タグ名と属性名、属性値と次の属性名の間には、必ずスペースを入れて区切ります。属性と属性値の間は「=」(イコール)でつなぎますが、注意点として、「=」の前後にはスペースを入れないようにします。属性値である数値や文字列の値はそのまま書いてもWebブラウザが解釈・推測して補完されるとはいえ、間違いを少なくするために「"」(ダブルクォーテーション)で囲むことが望ましいです。

よくある間違いに、気づかずに半角スペースを全角の空白(日本語)で記述したり、「"」を閉じていなかったりする記述があります。HTMLの記述を間違えても、プログラムのようなエラー表示はありません。それどころか、記述がなかったこととされたり、Webブラウザが補完してうまく表示してきたりすることもあるため、経験が浅い人に限らずHTMLの間違いは見つけにくいものです。

HTMLタグの属性は、すべてのタグに付けられるコア(グローバル)属性とタグ独自の特殊属性があります。**表2-1-2**に、コア属性を紹介します。

■ 表2-1-2　コア属性の種類

| コア属性 | 内容 |
|---|---|
| id | 要素の識別名で、ドキュメント内で**一意**(同じid名はドキュメント内で1つだけ記述可能) |
| class | 要素の識別名で、ドキュメント内で**複数**記述可能 |
| style | 要素のCSSスタイルを直接指定 |
| lang | ISO-639規格の**2文字の言語コード**、コンテンツの言語を指定 |
| title(※2) | 要素の内容。表示されるタグであれば、カーソルを当てると表示 |

(※2) **title**
アクセシビリティを考慮すると問題がある属性のため、注意が必要。

id属性やclass属性は、CSSやJavaScriptから利用される属性です。id属性はhtmlファイル内で何回でも記述できますが、id名はhtmlファイル内でユニークという決まりがあり、同じid名を複数記述することはできません。

class属性のclass名は、htmlファイル内に同じ名前が何度記述されてもかまいません。

style属性は、第3章のCSSで詳しく説明しますが、CSSのルールをタグごとに指定できるため、あくまでもCSS機能を試すには使いやすいでしょう。

lang属性は、htmlタグにjaやenなどISO-639規格(※3)で定義されている2文字の国コードを指定しています。

title属性は、補足的な説明を記述します。title属性と似た属性としてimgタグのalt属性があります。

HTML文書にコメントを入れるときは、<!-- で始まり、--> で終わります。コメントの中に書くものはコメントの終了（-->）以外であれば問題なく、改行や全角の空白などを含めることも可能です。コメントの外側を <!-- と --> で囲むと、内側のコメントの終わりである --> の後はコメントではなくなるので、注意が必要です。記述の例は、以下のとおりです。

```
<!-- 1行だけのコメント -->
<!--
  複数行に及ぶコメント
-->
```

(※3) **ISO-639規格**
言語を定義した国際規格。日本の規格ではJIS X 0412に相当する。何種類かの定義がある中で、lang属性では、日本語であればja、英語であればenのように2文字で定義されている言語名を利用する。

## 4 HTMLヘッダ

headタグの開始タグである<head>要素と終了タグである</head>要素の間には、画面には表示されないヘッダ情報が入ります。タグなどが間違えて画面表示されないためには、タグを開始する < 、タグを終了する > 、属性値の文字列の開始する前と終了した後 " の組を、しっかりと記述してください。

**表2-1-3**に、headタグに挟まれるタグを紹介します。

■ 表2-1-3　headタグ内に記述する情報

| タグ | 情報 |
|---|---|
| <meta> | メタデータとなる付加情報（作成者、説明、文字コードなど）を指定 |
| <title>～</title> | Webブラウザのタイトルバーやタブに表示されるタイトルを指定 |



## 5 METAタグ

<meta>要素には、HTML文書のメタデータが記述できます。**メタデータ**とは、ドキュメント（コンテンツ）を説明するためのデータであり、HTML文書を**補足説明**する情報の記述が可能です。次項で説明する文字エンコーディング、文書の**作成者**、要約した説明（**概要**）、ロボット検索でGoogleなどに渡したい**キーワード**、Webブラウザに自動更新してほしい**時間**、サイト訪問者を追跡するための**クッキー**、**画面調整**に使われる設定などを定義します。

**表2-1-4**に、metaタグの属性をもう少し詳しく紹介します。

■ 表2-1-4　metaタグの種類

| metaタグ | 内容 |
|---|---|
| name | 要素の記述内容を指定（author、description、keywords） |
| http-equiv | ページのリロード（refresh）かクッキー設定（set-cookie）を指定。nameとの同時使用はしない。 |
| content | nameかhttp-equivの対応する指定 |
| charset | 文字エンコーディングを指定（HTML5では**utf-8**） |

以下に少し具体例をあげていきます。まずは、文書の作成者や概要の指定です。指定する内容を、**name**属性と**content**属性を組み合わせ、1つの内容ごとに1つの<meta>要素で記述していきます。

```
<meta name="author" content="川井義治">
<meta name="description" content="HTMLとCSSに関するエルピック
    の文書">
```

作成者や概要も検索要因ですが、Googleなどの検索ロボット（エンジン）へキーワードを故意に提供するためには、以下のように、meta

タグのname属性とcontent属性を記述します。

```
<meta name="keywords" content="HTML, CSS, エルピック">
```

http-equiv属性を利用すると、指定時間でページのリロードの自動実行や、指定URLページへのリダイレクトが可能です。以下のように、metaタグに**http-equiv**属性と**content**属性を指定します。

```
<meta http-equiv="refresh" content="60">
```

上記のmetaタグの例は、1分（60秒）ごとにページをリロードします。昨今ではあまり使われませんが（※4）、以前は、データ表示を更新し続ける必要があるときに多用されました。「**url=**」の後にアドレスを指定すると、リダイレクトとなります。以下のように指定します。

```
<meta http-equiv="refresh" content="180; url=https://lpi.org/">
```

上記のmetaタグの例は、3分（180秒）後にlpi.orgのトップページへ進みます。ページアドレスが変わったときなどに使用します。

（※4）HTMLだけの時代にはrefreshで動きを出すこともされたが、現在は、JavaScriptやCSSの機能が利用される。

## 6 文字エンコーディング

HTML文書は、世界中からアクセスされるため、日本語で書いてあると読めないだけでなく、壊れたのかと誤解するユーザも多いでしょう。言語は、第3項で述べたとおり、htmlタグのlang属性でISO-639規格の各言語を2文字で指定します。さらに、**符合文字化集合**と呼ばれる文字の集合から、1対1で割り振られた番号（文字コード）のエンコーディングを指定します。日本語はいくつかのエンコーディングがあり、エンコーディングの未指定や間違いによって、文字化けすることも多くありました。

現在では、インターネットで公開するHTML文書は、UTF-8エンコーディングを使うのが鉄則となっています。しかし、Windowsでは、いまだにシフトJIS環境が使えてしまうため、テキストエディタでしっかりとUTF-8を指定してからHTML文書を作成しないと問題が起こることもありえるため、注意しましょう。

エンコーディングの指定の例は、次ページのとおりです。

```
<html lang="ja">
  …
<meta charset="utf-8">
```



## 7 HTMLスケルトン

以下は、最も基本的なHTML文書のスケルトン（**ひな形**）です。

```
1 <!DOCTYPE html>
2 <html lang="ja">
3   <head>
4     <meta charset="utf-8">
5     <title>My HTML Page</title>
6     <!-- ここはドキュメントのヘッダ -->
7   </head>
8   <body>
9    <!-- ここはドキュメントのボディ -->
10   </body>
11 </html>
```

HTMLファイルを書き始めるときには上記のひな形を用意しておき、次回から再利用しましょう。Visual Studio Codeでは、！［Enter］でひな形を呼び出せます。

1行目の<!DOCTYPE html>は、HTML5から取り入れられたDTD（※5）宣言で、HTML5以降の文章であることを表します。2行目の<html>と11行目の</html>は、html文書を囲みます。<html> 要素と終了タグである</html>要素が1つの組です。3行目の<head>と7行目の</head>はヘッダ情報を囲みます。4行目の<meta>は文字エンコーディングにUTF-8を指定しています。5行目は<title>要素の後にタブに表示されるタイトルとなる文字列を置かれ、同じ行の最後の終了タグである</title>要素で閉じられています。6行目と9行目は、コメントとなる文字列が置かれています。8行目の<body>と10行目の終了タグの</body>は、画面表示されるコンテンツの文章を記述します。画面表示する文章には、平文（※6）のテキストだけでなく多くのタグが使われます。

（※5）**DTD**
Document Type Definition（文書型定義）の略称。SGMLやXMLなどの文書の先頭に記述し、どのような文書か定義を示す。

（※6）**平文**
タグを含まない日本語の項目タイトルや文章

# 2.2 HTMLのセマンティックスとドキュメント階層

## 1 HTML ドキュメントのマークアップ

本節では、HTMLタグを少しずつ確認しながら説明していきます。まずは、文章とその表題を囲んで処理するタグが必要です。文章には、改行や区切りがあると便利なため、合わせて紹介します（**表2-2-1**）。

■ 表2-2-1　HTML タグの種類

| HTMLタグ | 内容 |
|---|---|
| <p>〜</p> | **文章のまとまり**を囲むタグ |
| <h1>〜</h1> | 文章の**表題**を囲むタグ（数字は1（最大）〜6（最小）） |
| <br> | **改行**タグ |
| <hr> | **区切り線**タグ |

HTML文書の中にコンテンツとなる文章を入れる場合、bodyタグの開始タグである<body>要素と終了タグである</body>要素の間にタグなしのテキストを記述するだけでも、表示はされます。しかし、本来は、たとえば、ひとかたまりの節や章となるような文章は、**p**タグの開始タグである**<p>**要素と終了タグである**</p>**要素で囲むのが望ましい書き方です。記述と表示の例は、以下のとおりです。

```
<p>HTMLは文章を抽象構造化します。</p>
<p>
  長い文章も短い文章もpタグでひとかたまりとなります。
</p>
```

HTMLは文章を抽象構造化します。

長い文章も短い文章も p タグでひとかたまりとなります。

文章があれば、必ずその表題を付ける必要があり、文章の表題は**h1**タグ～**h6**タグで囲みます。記述の例は、以下のとおりです。

```
<h1>極大のタイトルを見せると</h1>
<h2>特大のタイトルを見せると</h2>
<h3>そこそこ大きなタイトルを見せると</h3>
<h4>普通のタイトルを見せると</h4>
<h5>小さめのタイトルを見せると</h5>
<h6>極小のタイトルを見せると</h6>
```

**h1**タグは一番大きな表題のため、articleタグ(※1)で囲まれる場所が複数あれば、h1も複数あってもいいとなっているようです。しかし、できれば、1つのドキュメントに1つのh1タグのほうが望ましいです。**h1**タグの後に**h2**が0個以上あり、それぞれの**h2**のタグの後には**h3**タグが0個以上あるように続きます。表題で文章を細かく区切りましょう。記述と表示の例は、以下のとおりです。

```
<h1>極大となるであろうタイトル1</h1>
<h2>特大となるであろうタイトル1-1</h2>
<h3>そこそこ大きくなるであろうタイトル1-1-1</h3>
<h2>特大となるであろうタイトル1-2</h2>
<h2>特大となるであろうタイトル1-3</h2>
<h3>そこそこ大きくなるであろうタイトル1-3-1</h3>
<h3>そこそこ大きくなるであろうタイトル1-3-2</h3>
```

**極大となるであろうタイトル1**

**特大となるであろうタイトル1-1**

**そこそこ大きくなるであろうタイトル1-1-1**

**特大となるであろうタイトル1-2**

**特大となるであろうタイトル1-3**

**そこそこ大きくなるであろうタイトル1-3-1**

**そこそこ大きくなるであろうタイトル1-3-2**

(※1) **articleタグ**
Webサイト内で自己完結(独立)している要素を囲み、独立したセクションであることを示すタグ(Web Development Essentials認定試験の範囲外)

h1タグにh2タグがつり下がり、h2タグにh3タグがつり下がりと、必要に応じて続く形式となります。文章のタイトルは逆さにしたツリー構造のように捉えられます。前記の例では省略していますが、hタグの後にpタグで囲まれた文章を入れてください。

続いて、文章を便利にする改行のタグと区切り線のタグを見てみましょう。記述と表示の例は、以下のとおりです。

```
<h1>HTML タグの説明 </h1>
  <p>
    HTML タグは言語ではありますが、<br>プログラミング
    言語ではありません。<br>HTML でデザインはしません。
  </p>
<hr>
<p>補足：HTML は小文字で書きましょう。</p>
```

HTMLタグの説明

HTMLタグは言語ではありますが、
プログラミング 言語ではありません。
HTMLでデザインはしません。

---

補足：HTMLは小文字で書きましょう。

<p>要素と</p>要素の前後は、少し行間が空きます。通常の［Enter］キー、［Return］キー、↵を押して入力される改行は、少し空きを作りますが改行はしません。改行を入れたいのであれば、**改行**したい位置に**br**タグを置きます。また、半角の空白は、複数個並んでも1つのスペースにしかなりません。途中で補足を入れる場合は、**hr**タグを使って文章を区切りましょう。hrタグは、表示時には**区切り線**となります。

文章を書くにあたり、テキストを強調するなど非常に基本的な飾り付けをするインラインレベル要素のタグを、**表2-2-2**でいくつか紹介します。

■ 表2-2-2 インラインレベル要素のタグの種類

| タグ | 内容 |
| --- | --- |
| <strong>〜</strong> | 文字列の意味を**強調**したい範囲を囲むタグ |
| <em>〜</em> | 文字列を強調したい範囲を囲むタグ。視覚的には**斜体** |
| <b>〜</b> | 文字列を**太字**で表示したい範囲を囲むタグ |
| <i>〜</i> | 文字列を**斜体**で表示したい範囲を囲むタグ |
| <tt>〜</tt> | 文字列を固定幅または**等幅フォント**で表示したい範囲を囲むタグ |
| <pre>〜</pre> | **整形済み**文字列の範囲を囲むタグ→空白や改行をそのまま表示 |
| <code>〜</code> | ソースコードの範囲を囲むタグ |

**strong**タグもbタグも強調のため、見栄えは同じです。しかし、HTMLは、美しく見せるための言語ではないため、見栄えだけの太字としたいのであれば、bタグでない方法（CSS）を使うことが望ましいです。意味的に強調したい文字列は、strongタグで囲むことが望ましいです。記述の例は、以下のとおりです。

```
HTMLは<strong>抽象構造</strong>を作るために使います。
```

**em**タグは強調で表示は斜体となり、**i**タグはイタリックのため、見た目では同じです。イタリックは、英語の文章で強調のために使用されていますが、日本人にはあまりなじみがないでしょう。英語の単語が多いプログラミングの書籍などで使われるのを、多く見受けます。記述の例は、以下のとおりです。

```
But,  <i>HTML</i> is that <em>"It creates an abstract
    structure."</em>.
```

日本のインターネットには、半角の文字で絵を描く**アスキーアート**（AA）の文化がありました。1行で収まる顔文字を描くときにWindows以前のPCの文字描画と同じ特性を持つ等幅フォントを使うため、**tt**タグを使うと便利です。ただし、AAには非推奨な文字を使うものもあるため、注意が必要です。文章に含まれる1行のソースコードにも、利用可能です。記述の例は、以下のとおりです。

```
<tt>(^_^;)(´･ω･`)</tt>
```

複数行にわたるAAのように、複数の空白や改行を考慮された文章、つまり、すでに整形されている文字列を表示するには、preタグが使えます。記述と表示の例は、以下のとおりです。

```
<pre>
 /
 +-- bin
 ¦    +-- ls
 +-- home
 ¦    +-- kawai
 +-- etc
      +httpd
         +-- conf
</pre>
```

```
/
+-- bin
|  +-- ls
+-- home
|  +-- kawai
+-- etc
   +httpd
     +-- conf
```

プログラムの説明を書くなどのとき、文章内にソースコードが埋め込まれたり、ソースコードを掲載したりといった場合は、codeタグで囲み、囲まれた範囲がプログラムであることを明示します。複数行にわたるソースコードの場合は、前述のpreタグを組み合わせるときれいに表示されます。記述と表示の例は、以下のとおりです。

```
<pre>
  <code>
    int main(int argc, char * argv){
      printf("Hello World.\n");
      return 0;
```

```
    }
  </code>
</pre>
```

```
int main(int argc, char * argv){
  printf("Hello World.\n");
  return 0;
}
```



## 2 階層的なHTMLテキスト構造

**表2-2-3**は、項目をリスト表示するタグです。親となる<ol>～</ol>、<ul>～</ul>、<dl>～</dl>の3種類と、付随する3つのタグを紹介します。

**■ 表2-2-3　リスト表示するタグの種類**

| タグ | 内容 |
|---|---|
| <ol>～</ol> | **番号付き**のリストを囲むタグ。li要素を含む。 |
| <ul>～</ul> | **番号なし**のリストを囲むタグ。li要素を含む。 |
| <li>～</li> | olタグとulタグで使う各項目を囲むタグ |
| <dl>～</dl> | **説明**（キーと値の組）のリストを囲むタグ |
| <dt>～</dt> | キー（用語や名前）を囲むタグ |
| <dd>～</dd> | 値（説明）を囲むタグ |

手順や道順など順番にたどるような項目を複数並べたいときに、**ol**タグ（ordered list）の開始タグの<ol>要素と終了タグの</ol>要素で項目を囲みます。各項目は、**li**タグ（list item）の開始タグの<li>要素と終了タグの</li>要素で囲みます。記述と表示の例は、以下のとおりです。

```
<ol>
    <li>ベットから起き上がる</li>
    <li>顔を洗う</li>
    <li>パジャマから着替える</li>
</ol>
```

1. ベットから起き上がる
2. 顔を洗う
3. パジャマから着替える

順番は関係なく、材料などの項目をただ並べたいときには、ulタグ（unordered list）の開始タグの<ul>要素と終了タグの</ul>要素で項目を囲みます。各項目は、liタグ（list item）の開始タグの<li>要素と終了タグの</li>要素で囲みます。記述と表示の例は、以下のとおりです。

```
<ul>
    <li>ベーコンエッグマフィン </li>
    <li>ハッシュド ポテト</li>
    <li>コーンスープ</li>
</ul>
```

- ベーコンエッグマフィン
- ハッシュド ポテト
- コーンスープ

用語や名前となるキーと、説明となる値のセットを複数組み並べて表示したい場合は、dlタグの開始タグの<dl>要素と終了タグの</dl>要素で項目を囲みます。キー項目は、dtタグ（definition term）の開始タグの<dt>要素と終了タグの</dt>要素で囲み、値項目はddタグ（definition description）の開始タグの<dd>要素と終了タグの</dd>要素で囲みます。キーと値の組みは1つ以上です。記述と表示の例は、以下のとおりです。

```
<dl>
  <dt>HTML</dt>
  <dd>ドキュメントの抽象構造を作り込みます。</dd>
  <dt>CSS</dt>
  <dd>ドキュメントのデザインを作り込みます。</dd>
</dl>
```

HTML
　　ドキュメントの抽象構造を作り込みます。
CSS
　　ドキュメントのデザインを作り込みます。

HTMLは、開始タグと終了タグの間に開始タグと終了タグを挟み、さらに、そのタグの中にタグを入れられるため、最終的にタグによる多段階の階層構造になります。その中でも、リスト機能は階層化していることが目に見えてわかります。記述と表示の例は、以下のとおりです。

```
<ol>
    <li>埼玉県</li>
    <li>東京都
        <ul>
            <li>文京区</li>
            <li>渋谷区</li>
            <li>中央区</li>
        </ul>
    </li>
    <li>千葉県</li>
</ol>
```

1. 埼玉県
2. 東京都
    - 文京区
    - 渋谷区
    - 中央区
3. 千葉県

上記の例では、都道府県が3つ並んでいて、1つの項目である都道府県の東京都に、詳細である3つの区が番号なしのリストとして表示されています。リストの中にリストがあるという階層構造です。

## 3 HTMLのブロック要素とインライン要素

HTMLタグは、表示のされ方によってブロックレベルの要素とインラインレベルの要素の2つに大きく分けられます。

**ブロックレベル**の要素は、第3章で述べるCSSなどで指定を変更しなければ、画面の**横幅一杯**に表示されます。ブロックレベルの要素としては、第1項で述べた<p>要素、<h1>要素、<hr>要素、前項で述べた<ol>要素、<ul>要素、や<dl>要素などがあげられます。そのほかに、次項で紹介する<div>要素があります。

■ 表2-2-4　ブロックレベルの要素

| タグ | 説明（子要素など） |
| --- | --- |
| div | フローコンテンツの汎用コンテナ。ほぼすべての要素 |
| header | タイトルやメニューなどを入れるコンテナ。footer以外のほぼすべての要素 |
| footer | 著作権情報・関連文書へのリンクを入れるコンテナ。header以外のほぼすべての要素 |
| nav | ナビゲーション入れるコンテナ。ほぼすべての要素 |
| main | 主要な内容のコンテナ。ほぼすべての要素 |
| section | 一般的なセクションのコンテナ。ほぼすべての要素 |
| blockquote | 引用要素を入れるコンテナ。ほぼすべての要素 |
| form | フォームの部品の要素、テキスト装飾の要素、埋め込みコンテンツ要素 |
| h1〜h6 | テキスト装飾の要素、埋め込みコンテンツ要素、フォームの部品の要素 |
| p | テキスト装飾の要素、埋め込みコンテンツ要素、フォームの部品の要素 |
| pre | テキスト装飾の要素 |
| ul ol | li |
| dl | dt, dd, div |
| table | caption, colgroup, tbody, thead, tfoot, tr |
| tr | th, td |

divタグのフローコンテンツには、見出し要素、記述要素、埋め込み要素、対話的要素、フォーム要素があります。種類は**表2-2-5**のとおりです。

■ 表2-2-5　フローコンテンツの種類

| 項目 | 種類 |
|---|---|
| 見出し要素 | h1、h2、h3、h4、h5、h6など |
| 記述要素 | audio、b、br、button、code、em、i、iframe、img、input、label、picture、script、select、small、span、strong、textarea、videoなど |
| 埋め込み要素 | audio、iframe、img、videoなど |
| 対話的要素 | a、button、iframe、label、select、textareaなど |
| フォーム要素 | button、input、label、select、textareaなど |

一方で、**インラインレベル**の要素は、そのタグやタグで囲まれた範囲に必要なだけの**横幅**を取り、**横並び**となります。ただし、横並びとなったときに高さは統一されないため、調整が必要です。インラインレベルの要素としては、横幅はありませんが、第1項で述べた<br>要素や<strong>要素や<em>要素などがあげられます。

■ 表2-2-6　インラインレベルの要素

| タグ | 説明（子要素など） |
|---|---|
| iframe | テキスト |
| button | テキスト装飾の要素、埋め込みコンテンツ要素 |
| span | テキスト装飾の要素、埋め込みコンテンツ要素、フォームの部品の要素 |
| em strong code b i u a | テキスト装飾の要素、埋め込みコンテンツ要素、フォームの部品の要素 |
| label | テキスト装飾の要素、埋め込みコンテンツ要素、フォームの部品の要素 |
| audio video | テキスト装飾の要素、埋め込みコンテンツ要素、フォームの部品の要素 |
| textarea | テキスト |
| select | option |
| img br input source | なし |
| script | スクリプト |

## 4 セマンティック構造上の重要なHTML要素

ホームページなどのWebサイトを作成する場合、見栄えだけに注力しがちですが、HTMLの本来の目的は、文章の構造をはっきりさせることです。**表2-2-7**に、セマンティック（意味や目的を持たせる）HTMLとして使われる文章の構造を形作るタグを中心に紹介していきます。

■ 表2-2-7　文章構造を作るタグの種類

| タグ | 内容 |
|---|---|
| <header>〜</header> | セマンティクスな要素の導入となるコンテンツを含むタグ |
| <footer>〜</footer> | セマンティクスな要素の締めとなる情報を含むタグ |
| <main>〜</main> | セマンティクスな要素の中心となるコンテンツを含むタグ |
| <section>〜</section> | ひとまとまりの要素となるコンテンツ |
| <nav>〜</nav> | メニューを含むタグ |

**header**タグの要素には、企業名や団体名のロゴ、検索フォーム、ナビゲーション（nav要素）などが含まれます。headerタグにfooter要素が含まれることはありません。記述の例は、以下のとおりです。

```
<header>
  <h1>Linux Professional Institute Inc.</h1>
  <nav>〜</nav>
</header>
```

**footer**タグを使った要素には、企業名や団体名、サイトの説明（※2）コピーライト（著作権情報）、連絡先、サブのメニューなどが含まれます。footerタグにheader要素が含まれることはありません。記述の例は、以下のとおりです。

```
<footer>
  <p>Linux Professional Institute Inc.</p>
  <a href="copyright.html">Copyright&copy;</a>
  <a href="access.html">Access</a>
</footer>
```

**main**タグを使った要素は、文書であれば中心となるコンテンツ、アプリケーションであれば中心となる機能が含まれます。hidden属

（※2）**サイトの説明**
リンクの場合もある。

性が未指定のmain要素は、ドキュメント内に必ず1つです。記述の例は、以下のとおりです。

```
<main>
  <p>HTMLは文章を書くためのタグ言語です。</p>
  <p>CSSはデザインをするための言語です。</p>
</main>
```

sectionタグを使った要素は、独立した区間となります。区間の内容を表すh2要素を入れると、よりよいでしょう。記述の例は、以下のとおりです。

```
<section>
  <h2>JavaScript</h2>
  <p>JavaScriptはプログラミング言語です。</p>
</section>
```

ドキュメントの最初のheader要素に含まれるメニューの定義には、navタグを使った要素が使われます。なお、footer要素に作るメニューの定義には、nav要素を使わなくても問題ありません。記述の例は、以下のとおりです。

```
<nav>
  <ul>
    <li>トップ</li>
    <li><a href="food.html">フード</a></li>
    <li><a href="drink.html">ドリンク</a></li>
    <li><a href="access.html">アクセス</a></li>
  </ul>
</nav>
```

HTMLは、文章の構造を整理するための言語ですが、ホームページとして公開するときにデザインの効果は絶大です。ほとんどの人が、コンテンツの内容よりもデザインに目を惹かれるのではないでしょうか。デザインするときに、前述したタグを使うだけでなく、目に見えないグループであるコンテナに分け、コンテナごとにデザインするための重要なタグが2つあります（**表2-2-8**）。

**■ 表2-2-8　文章構造を作るタグの種類**

| タグ | 内容 |
|---|---|
| <span>〜</span> | 単語レベルの文字列などのインライン要素をコンテナ化 |
| <div>〜</div> | ブロックレベルでのコンテナ化≒セクション化[※3] |

（※3）コンテナは外見、セクションは構造であるが、だいたい同じく文章のくくりを指す。

文章中の単語レベルで装飾をしたい場合は、**span**要素を使います。デザインは、後からCSSで指定することとなります。記述の例は、以下のとおりです。

```
<p>HTMLは、コンテンツの<span>マークアップ</span>言語で、プロ
    グラミング言語ではありません。</p>
<style>span{color:red;}</style><!--span要素の文字色を赤-->
```

コンテンツの見栄えを管理するとき、雑誌のように1つの記事を正方形で囲って、その正方形をタイル状に並べるレイアウト手法があります。1つの記事＝コンテンツの最小単位と考えて、レイアウトを整えていく場合などに、divタグで囲んでコンテナ化するとよいでしょう。記述と表示の例は、次ページのとおりです。

```
<div>
 <p>HTML を記述するには html タグであれば、&lt; ( 小なり記号 )
    と &gt; ( 大なり記号 ) に html を囲んで &lt;html&gt; と記述
    し、&lt;html&gt; 要素と 呼びます。</p>
</div>
<div>〜</div>
<div>〜</div>
<style>
div{
margin:1%;padding:1%;       /* 枠の外と中の幅 */
float:left;                  /* 枠の左寄せ */
border: 4px dashed red;     /* 枠線の幅と種類と色 */
width:28%;                  /* 枠の割合 */
}
</style>
```

| HTML を記述するには html タグであれば、< ( 小なり記号 ) と > ( 大なり記号 ) に html を囲んで <html> と記述し、<html> 要素と 呼びます。 | ~ | ~ |
|---|---|---|

上記の例では、<div>要素に外枠を描きつつ左寄せです。<div>で囲まれたテキストが3つある場合は横に3つ並びます。

# 2.3 HTMLにおける参照と埋め込みリソース

## 1 リンクの作成

HTMLの規格が公開された当初から、ページ間のつながる様子をWWW（World Wide Web）と表現したことからわかるように、HTMLの大きな特徴の1つとしてページ間のリンクがありました。リンクとは、ホームページの中でほかのホームページを指し示し、ユーザがその指し示している部分をクリックすると、ほかのホームページが表示される仕組みです。相互に蜘蛛（くも）の巣のようにつながる機能からWWWとなり（※1）、この仕組みのことをハイパーリンクとも呼びます。

（※1）Webは蜘蛛の巣を意味する。

HTMLでリンクを実現するために、aタグを使います。記述と表示の例は、以下のとおりです。

```
<a href="リンク先指定">表示文字列</a>
```

表示文字列

aタグは、開始タグの<a>要素と終了タグの</a>要素で、リンク先を表す文字列を囲むタイプのタグです。href属性は、リンク先のホームページを指定するため、上記の<a>要素の一般的な書き方の例では、"リンク先指定"と書きました。リンク先としてファイルを指し示すパスを書く場合もあり、URL（Uniform Resource Locator）を書くことも可能です。

リンク先にファイルを指定する場合は、現在見ているホームページと同じサイトにあるファイルを指し示します。見ているホームページと同じディレクトリにあるファイルであれば、ファイル名だけを書けばよいでしょう。そして、Webサイトでは、HTTPサーバが公開しているディレクトリ（/var/www/htmlなど）の中を見せているため、ディレクトリ名とファイル名の組み合わせからなるパスを指定することも可能です。Webサイトのファイルシステムには、相対パスと絶対パスという2つのパスの書き方があります。このパスの書き方は、URLの書き方にも関連します。

### （1）相対パス

相対パスは、今見ているホームページのファイルがあるディレクトリを基準にして考える書き方となります。記述の例は、以下のとおりです。

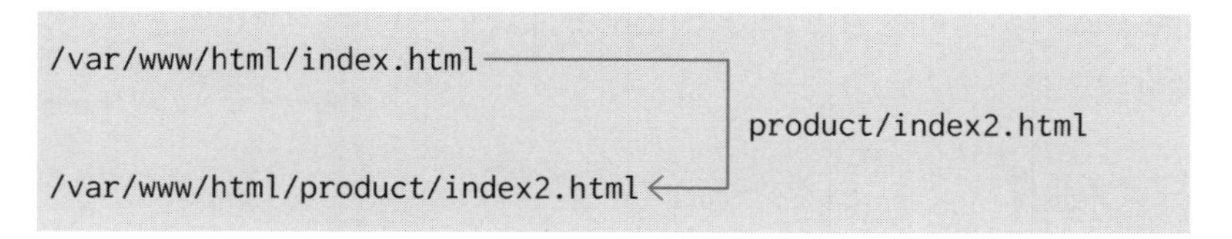


今見ているファイルのあるディレクトリにproductディレクトリがあり、productディレクトリにあるindex2.html ファイルへリンクする場合は、productとディレクトリの区切りを表す/とindex2.htmlファイルをつなげて、product/index2.htmlと記述します。

逆に、product/index2.htmlから親ディレクトリ（上にあるディレクトリ）にあるindex.htmlへリンクする場合は、1つ上のディレクトリを表す ..（ドット2つ）とディレクトリの区切りを表す / とindex.htmlファイルをつなげて、../index.htmlと記述します。 .. を多用するとWebサイト内をたどってすべてのファイルが見えてしまいそうですが、ドキュメントルートである/var/www/htmlより上の/varにwww2があるとしても、../../www2といったディレクトリは、設定上たどれません。

### （2）絶対パス

同じリンクを絶対パスでindex2.htmlを記述するには、Webサイト内の絶対パスである/var/www/html/product/index2.htmlからドキュメントルートの/var/www/htmlディレクトリを取り除いた/product/index2.htmlと記述します。記述の例は、以下のとおりです。

```
/var/www/html/index.html ─────────┐
                                  │ /product/index2.html
/var/www/html/product/index2.html ←┘
```

index2.htmlからindex.htmlへリンクする場合も、同じく単に/index.htmlとなるだけです。もちろん、ドキュメントルートより上の階層は見えないため、/etc/passwordと指定しても/var/www/html/etc/passwordをアクセスすることになり、重要なファイルが見えてしまうことはありません。

### (3) URLの書き方

URLの書き方を見てみると、あくまでもHTTPアクセスで使うURLとなるため、最初の**スキーム**(※2)と呼ばれる部分は**http:**または**https:**が使われます。記述の例は、以下のとおりです。

```
http://サイトのアドレス/ファイルパス
```

実際は、メールを出す**mailto:**やファイルをダウンロードする**ftp:**なども利用可能です。(※3) メールを指定する場合は、以下のようにメールアドレスを書きます。

```
mailto:info@lpi.org
```

また、スマートフォンなどは、以下のように電話番号を記述するスキームの**tel:**を書くと、リンクをクリックして電話をかけさせることも可能です。

```
tel:+123456789
```

スキームがhttps:などで、その次の項目はサイトのアドレスとなります。サイトのアドレスは、WebサーバのIPアドレスでも可能ですが、**IPアドレス**と対応付けされている**FQDN**(Fully Qualified Domain Name)を記述するのが一般的です。FQDNは、ホスト名+**ドメイン名**(※4)で構成されますが、google.jpなどドメインだけの場合もあります。ファイルパスの前の / とファイルパスを足したパスが、Webサイトのファイルシステムの**ドキュメントルート**(※5)に対応します。

ここで、「..」(ドット2つ)も使えますが、前述のファイルパスの説明と同じく、ドキュメントルートより上のパスはたどれない設定です。前述の相対パスと絶対パスでリンク先を書いた場合は、スキームやFQDNを省略しただけです。

### (4) target属性

<a>要素には、そのほかに**target**属性があるため、少し確認してお

(※2) **スキーム**
URLの識別子でアクセスするサービスの種類を指定する。

(※3) mailto:やtel:などのURLのスキームに対して呼び出されるアプリは、各端末のOSに依存するため、各OSのマニュアルを参照するとよい。

(※4) **ドメイン名**
団体や個人に割り振られた名前。日本では、一般社団法人日本ネットワークインフォメーションセンター(JPNIC)がjpのサブドメインを管理・割り当てしている。

(※5) **ドキュメントルート**
コンピュータでWebページとして公開されているトップディレクトリ。Linuxの場合は/var/www/htmlなど。

きましょう。通常は、target="_blank"(※6)を指定することが多いです（表2-3-1）。(※7)

■ 表2-3-1　targetの種類

| target属性 | 内容 |
|---|---|
| _self | 現在のドキュメントと置き換え。デフォルトで未指定の場合もある。 |
| _blank | 新しいウィンドウまたはタブで表示 |

(※6) ※_blank
_blankを使うと、他のサイトから現在アクセスしているページ（html）へアクセスできてしまう問題がある。これを回避するために、併せてrel="noopener"を指定すべきである。

(※7) そのほか、iframeのname属性値利用はiframeの項目参照。



## 2 イメージの追加

ハイパーリンクは、ほかのホームページ以外に画像などを指定できるため、ハイパーリンクを使って画像ファイルを見せることができます。しかし、それよりも、HTML文書には画像を見せるためのimgタグがあります。**img**タグは、以下のような終了タグのないvoid要素です。

```
<img src="画像URL" alt="説明">
```

imgタグは画像を表示するため、表示される画像を指定する**src**属性や説明を指定する**alt**属性があります。対応できる画像は**PNG**、**JPEG**、**GIF**がメインとなる以外に、少し古いBMP、ICOにも対応しています。また、ベクターグラフィックス(※8)系のSVGや、新しい画像や動画のAPNG、AVIF、WebPなどにもだんだんと対応しているようです。imgタグの属性には、**表2-3-2**のような種類があります。

(※8) **ベクターグラフィックス**
数式や数値のテキストで書かれたグラフィックスで、ファイルサイズが小さくなる。

■ 表2-3-2　imgタグの属性の種類

| 属性 | 内容 |
|---|---|
| src | 画像の**URL**を指定（htmlファイルと同じ場所であればパス名） |
| alt | 画像を説明する**代替文字列**を指定 |
| width | 画像の**幅**を指定 |
| height | 画像の**高さ**を指定 |

以前は、alt属性を設定してマウスを画像に載せると、alt属性に指定された文字列が吹き出しとして表示されました。現在は、マウスを

画像に載せると、コア属性の**title**属性に指定された文字列が表示されます。画像のサイズはCSSでも指定できますが、width属性とheight属性で指定しておくと、読み込みに時間がかかってもレイアウトが崩れないで済みます。記述と表示の例は、以下のとおりです。

```
<img src="https://www.lpi.org/sites/all/themes/lpi/images/logo.
    png" alt="LPIのロゴ">
```

## 3 メディアファイルのフォーマット

ホームページで使われる画像ファイルは、ネットワーク経由での取得となるため、画像の種類やサイズによっては、フォーマットを考慮する必要があります。たとえば、図などの色数が少なくて解像度（縦×横のピクセル数）が低いビットマップ画像や、簡単なアニメーションをするビットマップ画像は、**GIFフォーマット**が使われていました。しかし、後述するGIFフォーマットの著作権問題に伴い、**PNGフォーマット**が開発されました。GIFフォーマットの著作権問題は、著作権の有効期限切れにより解決しました。しかし、**PNGフォーマットのほうが圧縮効率はよい**ため、できればGIFフォーマットよりもPNGフォーマットを使うことを勧めます。

GIF画像の特徴として、16,777,216色中の256色までという色制限があるため、写真データなどをGIFフォーマットへ変更すると、汚い感じとなってしまいます。一方で、グラフや表や文字のような色数の少ないデータは、GIFフォーマットへ変換すると効率がよいです。

写真などの解像度が高くて色数が多いビットマップデータは、色数の制限がほとんどなくて、データを圧縮する**JPEGフォーマット**の利用が多いです。JPEGフォーマットの圧縮率は、データ保存やデータ変換時に選べるため、バランスのいい画像を作り出せます。ただし、JPEGフォーマットよりも、後発のPNGフォーマットのほうがより効率はよく安定度もあるため、PNGフォーマットのデータも多く使われつつあります。JPEGフォーマットのデータは、画像をブロックに分割して変換・圧縮するため、圧縮率によっては、ノイズが入ることもあります。また、JPEGフォーマットは**非可逆圧縮**を行うため、圧縮してしまうと元のデータには戻らないのが問題と捉えておきましょう。

図形と写真の両方のデータで紹介した**PNGフォーマット**は、GIFフォーマットで使われていたLZW圧縮アルゴリズム(※9)の著作権問題を回避するために作られたフォーマットです。16ビット白黒、24ビットと48ビットのカラー、8ビットまでのインデックスカラーが扱える優れたものです。そのうえ、**Deflate可逆圧縮アルゴリズム**(※10)を利用しているため、データの劣化も少なくできます。なお、PNGフォーマットにアニメーション機能はなく、データ拡張を利用したMNGフォーマットやAPNGフォーマットでアニメーションを実現しています。

ホームページに使われるイメージは、ビットマップのファイルのみでしたが、HTML5以降で**SVGフォーマット**をサポートしました。SVGフォーマットは、ベクトルデータでイメージを表すフォーマットです。写真とは違って、グラフや表などのような線で描いたイメージを効率よく扱え、**データ容量が格段に少なくなります**。ベクトルで図形を描けるIllustratorやInkscapeを使える環境であれば、PNGフォーマットの画像よりも、SVGフォーマットのファイルとして出力して扱うほうを勧めます。SVGデータは、JPEGフォーマットなどの画像ファイルも内包して扱えます。

**(※9) LZW圧縮アルゴリズム**
LZWはLempel-Ziv-Welchの略称。GIF画像で利用されている圧縮アルゴリズム。圧縮効率と高速化の両面を追及したため圧縮率はZIPやPNGより30%ほど低い。

**(※10) Deflate可逆圧縮アルゴリズム**
圧縮してから元画像へ戻せるアルゴリズム

## 4 オーディオとビデオ

音(以下、オーディオ)や映像(以下、ビデオ)のファイルは、それぞれ対応した専用のタグがあり、HTML5以降でより扱いやすくなりました。また、オーディオとビデオのタグには専用の属性もあります。ただし、画像に比べると、すべての種類のオーディオやビデオがすべてのWebブラウザで必ずしもサポートされているわけではありません。オーディオやビデオのフォーマットは、非サポートのWebブラウザでUnable to play〜などと表示されます。また、複数の音源を記述して、使える音源をブラウザに選ばせるためのsourceタグもあります。**表2-3-3**のような種類があります。

■ 表2-3-3　audioタグとvideoタグ

| タグ | 内容 |
|---|---|
| <audio>〜</audio> | オーディオを指定して表示テキストを囲むタグ |
| <video>〜</video> | ビデオを指定して表示テキストを囲むタグ |
| <source> | オーディオやビデオを複数指定して表示テキストを囲むタグ |

オーディオのフォーマットととして、**wav**や**mp3**などの形式が標準的にサポートされているようです。oggやflacやmidなどのように、一般の人があまりなじみのないフォーマットをサポートしているWebブラウザもあります。ビデオに関しても、**mp4**やmov、webm、oggなどいくつかのフォーマットがありますが、WebブラウザやOSによって、サポートがかなり異なるようです。

オーディオやビデオのサポートを補うために複数のファイルを指定する場合は、**audio**タグや**video**タグの囲みの中に**sourceタグ**を複数書くことができます。複数のsourceタグを書くと、Webブラウザのほうで対応可能なファイル形式かどうかを判断してくれるなど、オーディオやビデオの属性の実装は、WebブラウザよりもOSに依存するところが大きいでしょう。**表2-3-4**のような種類があります。

■ 表2-3-4　audioタグとvideoタグの属性

| 属性 | 内容 |
|---|---|
| src | オーディオやビデオのファイルのURLを指定（audioとvideoとsource） |
| type | MIMEタイプ[※11]を指定（sourceのみ） |
| controls | 再生ボタンなどの**コントロールを表示**（表示形態はブラウザ依存） |
| autoplay | 準備が整うとファイルを再生 |
| crossorigin | CORS[※12]を使うか指定（anonymous、use-credencials） |
| height | オーディオまたはビデオのコントロールの縦方向のサイズ |
| width | オーディオまたはビデオのコントロールの横方向のサイズ |
| loop | 終わりまで再生すると先頭から自動的に再生 |
| muted | 初期状態を**音消し状態**（ボリュームを0に設定） |
| preload | 事前準備を設定（none, metadata…メタデータを読み込み、auto…ファイル全体を読み込み） |

**(※11) MIMEタイプ**
MIMEはMultipurpose Internet Mail Extensionsの略称。IANA（Internet Assigned Numbers Authority）が管理しているマルチメディアの種類を指定する取り決め。

**(※12) CORS**
Cross Origin Resource Sharingの略称。他ドメインへのアクセスを許可する仕組み。

audioタグ、videoタグ、sourceタグではsrc属性の指定が必要であり、sourceタグではtypeタグが必要です。autoplay属性を指定しないのであれば、audioタグとvideoタグではcontrols属性を指定して、再生ボタンなどのコントロールを用意する必要があります。ほかにも多くの属性があるため、詳細が必要であれば、辞典的なHTMLの書籍を参照しましょう。記述と表示の例は、以下のとおりです。

```
<audio controls src="YTECHB.mp3"></audio>
<video controls>
  <source src="michael.mp4" type="video/mp4">
</video>
```

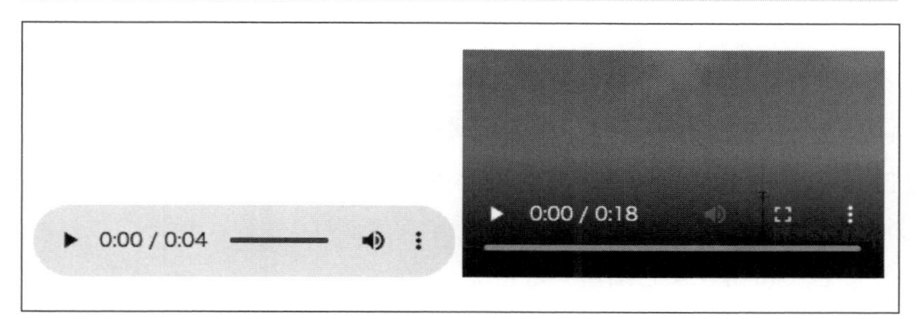


## 5 iframeタグ

**iframe**タグは、外部のURL指定されたコンテンツを枠の中にそのまま読み込むタグです。ほかのサイトにある地図、ビデオ、広告などの参照に利用されます。このiframeタグは、HTML4（バージョン4）では問題も起きやすかったために、非推奨ではありました。しかし、HTML5以降で再利用されるようになり、非推奨が外れためずらしいタグの1つです。属性としてsrcやtitleがあります（**表2-3-5**）。

■ 表2-3-5　iframeタグと属性の種類

| iframeタグ | 内容 |
|---|---|
| <iframe></iframe> | 外部URLのリソースを組み込むタグ |
| src | 外部URLを指定する属性 |
| title | 外部URLの説明をする属性 |

そのほかに、**width**属性や**height**属性などが使えます。(※13)

(※13) iframeもサイズがわかるのであれば、width属性とheight属性を指定しておくと、再描画の必要がない。

# 2.4 HTMLフォーム

## 1 基本的なHTMLフォームの作成

HTMLは、ホームページの原型である文章の構造を形作り、第3章で紹介するCSSでデザインを整えられます。一方、Webシステムのようなプログラムと絡んだサイト制作をする場合、プログラムとのインタフェースとなる部品のようなタグも、いくつか提供されています。

具体的な例としては、ログインする際のユーザ名やパスワードを入力するテキストボックス、買い物サイトでの数量選択のプルダウンメニューなどがあります。HTML5以降では、表示形態はさまざまですが、使うタグの種類は意外と少ないようです。**表2-4-1**に、インタフェースの部品となるタグとして、formタグと関連するinputタグなどを紹介します。

■ 表2-4-1　インタフェースの部品となるタグの種類

| タグ | 内容 |
|---|---|
| <form>〜</form> | フォーム部品の全体を囲むタグ |
| <input> | type属性の指定で多種の**フォーム部品**となるタグ |
| <button>〜</button> | フォーム部品の**ボタン**となるタグ |
| <label>〜</label> | 説明のテキストと部品となるタグを**関連付け**るためのタグ |

すべての部品は単独でも使えますが、サーバにあるプログラムと連携するためには、**form**タグに囲まれる必要があります。各部品の属性を確認する前に、以下に、ひな形とまではいえませんが、最も基本の形式となるフォームとその部品のHTMLを紹介します。記述と表示の例は、以下のとおりです。(※1)

(※1) type="text"の属性を省略しても、テキストボックスとなるが、基本としては省略しないほうがよい。

```
<form action="regist.php">
  ユーザ名：<input name="user">
```

```
  パスワード：<input type="password" name="pass">
  <button type="submit">ログイン</button>
</form>
```

ユーザー名：[　　　　] パスワード：[　　　　] [ログイン]

フォームを作る際、まずは、formタグの開始タグである<form>要素と終了タグである</form>要素で囲む必要があります。従来のフォームは、入力された文字列などを受け取ってログイン確認などの処理をするプログラムと連携するため、<form>要素には、次にアクセスするURLを**action**属性で指定しました。

一方、サーバと連携せず、現在読み込まれているJavaScriptでローカル処理をするだけであれば、action属性だけでなく、formタグも省略することが可能です。<form>要素と</form>要素で囲まれた中には、**input**タグや**button**タグのフォーム部品を配置していきます。

サーバのプログラムと連携する場合は、**type**属性が**submit**となるbuttonタグまたはinputタグが必要です。HTML5以降ではbuttonタグで使用可能な属性要素が増えましたが、inputタグでtype属性がsubmitなボタンを作成したとしても、問題なく動作します（第3項③参照）。**表2-4-2**に、formタグとlabelタグの属性を紹介します。

**■ 表2-4-2　formタグとlabelタグの属性**

| 属性 | 内容 |
| --- | --- |
| action | フォームがサブミットされたときにアクセスする**URL**を指定 |
| method | フォームでデータを**送る方式**を指定（**get**か**post**） |
| for | labelタグと部品のid属性の**関連付け** |

フォームで使われる部品のinputタグの前には、inputタグで何を入力するか説明するためのテキストが記述されます。前述のフォームの例であれば、最初のテキストボックスは「ユーザ名：」を入力するボックスとなるため、HTMLの正式な記述としては「ユーザ名：」と、テキストボックスを関連付ける記述が必要です。関連付の記述方法は、次ページの2通りがあります。

```
<label for="onamae">ユーザ名：</label><input name="user"
    id="onamae">
```

または

```
<label>ユーザ名：<input name="user"></label>
```

先の**label**タグは、開始タグの<label>要素の**for**属性をinputタグの**id**属性と同じにすることで、「ユーザ名：」とテキストボックスを関連付けています。後のlabelタグは、開始タグの<label>要素と終了タグの</label>要素の間にユーザ名：とinputタグを挟むことで、「ユーザ名：」とテキストボックスが自動的に関連付いています。

## 2 HTMLフォームのメソッド

formタグに配置したフォーム部品から入力データをサーバ上のプログラムへ渡すとき、数値であっても文字列であっても、入力するのはテキストです。そして、特殊な設定をしなければ、サーバのプログラムが**受け取るデータは基本的にテキスト**となります。また、サーバへ送る方式は2つあり、送信方式をformタグの**method**属性で指定できます。

1つ目の方式は**GETメソッド**で、method属性を**未指定**の場合もGETメソッドとなります。GETメソッドでは、formタグのaction属性で指定したURL情報をサーバへ渡すときに一緒に送信しています。なお、URL情報と一緒にフォームのデータを送るため、次のプログラムのページが開かれたときに、Webブラウザの上のほうにあるURL入力・表示の部分に送信データが表示されてしまうという**危険**があります。URLの後には **?** が付き、その後に**name=value**という形で続き、複数の部品がある場合は、valueと次のnameの間に **&** が挟まれます。また、WebブラウザのURL情報として送られるため、データ量にも制限がかかります。

2つ目の方式は**POSTメソッド**で、POSTメソッドを利用する場合はmethod属性での**"POST"**の指定が必要です。POSTメソッドでは、HTTPの**リクエストメッセージの後に付けて送ります**。送信データの形式は、HTTPの説明でも述べたとおり、GETメソッドと同じく、**name=value**が **&** で区切られて送られます。一見、GETメソッドよりもPOSTメソッドのほうが安全のようですが、どちらの方式もテキストがそのまま送られるため、パスワードやクレジットカードなどの重要な情報が不正に解読されかねません。もし、フォームで**重要情報**を送る場合は、**HTTPS**を利用しましょう。



## 3 input要素とタイプ

テキスト入力、チェックボックス、ラジオボタンなどのフォーム部品のほとんどは、inputタグの**type**属性の指定で表現できます。まずは、**表2-4-3**でinputタグの属性を見てから、それぞれの部品別の詳細を見てみましょう。

■ 表2-4-3　inputタグの属性

| 属性 | 内容 |
|---|---|
| type | 部品の**形**を指定 |
| name | 部品で入力したテキストを受け取るときに使う名前 |
| value | 初期値 |
| placeholder | テキスト入力系の部品で**ヒント**として表示される文字列 |
| required | フォーム送信には入力が**必須**な部品に付ける論理属性 |
| autocomplete | Webブラウザによる入力の**自動保管**（offやonなど） |

type属性の指定でinputタグの部品の形状が決まるため、type属性はかなり重要なものです。基本的な動きに合わせた形となるため、動作の概要は把握できますが、実際のボタンの形状やデフォルトで表示される補佐の文字列などは、Webブラウザによって多少は違ってきます。**name**属性は、formタグのaction属性で指定されたURLのプログラムがデータを受け取るときに使う名前です。このため、JavaScriptでローカル処理をする場合は、id属性やclass属性で指定した名前を基にオブジェクトを探すこともあります。

初期状態では、**value**属性があれば表示され、何も入力・選択されなかった場合はそのままvalue属性の値が送信されます。value属性がない場合は、**placeholder**属性が入力例として少し薄く表示されます。**required**属性は、論理属性でrequiredと記述がある部品にデータ入力や選択がなければ、フォーム送信ボタンが機能しません。**autocomplete**属性は、自動補完機能を使って入力を保管するかどうかの指定で、**off**や**new-password**（現在のパスワードで保管しない）

などがあります。ただし、Webブラウザの保管機能のため、機能しない場合もあるようです。

それでは、type属性の違いによる各部品を見てみましょう。

### ①テキストボックス

記述と表示の例は、以下のとおりです(type未指定の場合もテキストボックスになる)。

```
<label for="name2">お名前：</label>
<input type="text" name="name1" id="name2" value=""
    placeholder="山田 太郎">
```

お名前： 山田 太郎

**type="text"**は、1行程度の短いテキストの入力に使われるテキストボックスです。初期文字列がある場合は、value属性で設定しておくことや、placeholder属性で見本を見せることもできます。labelタグと合わせて、入力対象の名前の表示をします。

### ②パスワードボックス

記述の例は、以下のとおりです。

```
<label for="pass2">パスワード：</label>
<input type="password" name="pass1" id="pass2" value="">
```

**type="password"**は、パスワードを入力するテキストボックスで、入力されたテキストが「*」などの文字で伏せ字になります。初期値はないため、value属性は、「""」("が2つの空文字列)で消すとよいでしょう。

### ③サブミットボタン

記述の例は、以下のとおりです。

```
<input type="submit" value="ログイン">
```

または

```
<button type="submit">ログイン</button>
```

**type="submit"**は、フォームのサブミットボタンとなり、クリックすると、formタグのaction属性で指定されたURLへアクセスします。inputタグ以外に、buttonタグを使う記述が可能です。また、submit以外に、フォーム内の部品を初期状態へ戻す**clear**と、サブミットはしませんが、JavaScriptなどから使われるボタンとなる**button**の指定ができます。

### ④チェックボックス

記述と表示の例は、以下のとおりです。

```
用途の選択<br>
<input type="checkbox" name="check1" id="select1" value="仕事">
<label for="select1">仕事</label>
<input type="checkbox" name="check2" id="select2" value="趣味">
<label for="select2">趣味</label>
<input type="checkbox" name="check3" id="select3" value="その他" checked>
<label for="select3">その他</label>
```

用途の選択
☐ 仕事 ☐ 趣味 ☑ その他

**type="checkbox"**は、チェックボックスとなります。チェックボックスは複数の選択肢から同時に複数の選択ができ、また、何も選択しないことも可能です。複数あるチェックボックスには**すべて違う名前**を付けるか、同じ名前の**配列**を付けます（配列…名前の後に「**[]**」を付与）。value属性が指定されない場合は、onが送信されます。初めからチェックされている部品とするには、**checked**論理属性を付け、チェックボックスはchecked論理属性の複数指定が可能です。

### ⑤ラジオボタン

記述と表示の例は、以下のとおりです。

```
位置の選択<br>
<input type="radio" name="radio1" id="radio1" value="左">
<label for="select1">左</label>
<input type="radio" name="radio2" id="radio1" value="中央"
    checked>
```

```
<label for="select2">中央</label>
<input type="radio" name="radio3" id="radio1" value="右">
<label for="select3">右</label>
```

位置の選択
○ 左 ◉ 中央 ○ 右

type="radio"は、ラジオボタンとなります。ラジオボタンは、複数の選択から1つを選択できる部品です。name属性の値は、すべて同じとする必要があります。初めから選ばれたラジオボタンを作るには、checked論理属性を付け、ラジオボタンは1つのchecked論理属性しか指定できません。

### ⑥メールアドレス

記述と表示の例は、以下のとおりです。

```
<label for="email">メール：</label>
<input type="email" name="mail" id="email" value=""
    placeholder="taro@lpi.org" required>
```

メール： taro@lpi.org

type="email"は、メールアドレスを問い合わせる部品です。@を含まないなど、メールでない文字列を入力してサブミットボタンをクリックすると、エラーメッセージが表示されます。空白文字列のときにエラーを出すには、required論理属性の指定が必要です。

### ⑦数値入力

記述と表示の例は、以下のとおりです。

```
<label for="no">数値：</label>
<input type="number" name="num" id="no" value="" step="0.01"
    placeholder="3.14" required>
```

数値： 3.14

**type="number"** は、数値だけを入力する部品です。小数点を含んだ数値を入力させるには、step属性で小数の単位を指定しましょう。required論理属性を付けると、数値の入力がない場合はサブミットできません。

### ⑧日付入力

記述と表示の例は、以下のとおりです。

```
<label for="date2">開始日：</label>
<input type="date" name="date1" id="date2" value="2022-02-15">
```

開始日： 2022/02/15

**type="date"** は、日付を入力する部品です。value属性で初期値を指定する場合は、「年-月-日」と、数値の区切りに-を使います。

### ⑨スライダーコントロール

記述と表示の例は、以下のとおりです。

```
<label for="range1"></label>
<input type="range" id="range1" min="10" max="90" step="10"
    value="50">
```

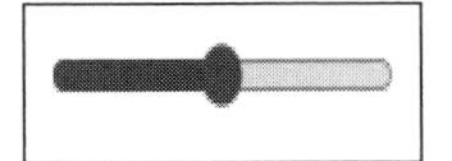

**type="range"** は、スライダーコントロールを表示する部品です。最小値を **min** 属性で指定し、最大値を **max** 属性で指定します。**step** 属性に数値を指定してスライダーの移動できる量を調整したり、**"any"** を指定したりすると、滑らかなスライドができます。

### ⑩フォーム送信

記述の例は、以下のとおりです。

```
<input type="hidden" name="answer" value="ぱるぷんて">
```

**type="hidden"** は、ホームページに表示されずにフォーム送信したいデータを記述する部品です。サーバ上のプログラムが前のページからフォーム受信したデータを次のページへフォーム送信する場合や、クライアントのJavaScriptがユーザに見せたくない情報をフォーム送信する場合などに利用できます。

### ⑪ファイル選択

記述と表示の例は、以下のとおりです。

```
<input type="file" name="picture" >
```

ファイルを選択　選択されていません

**type="file"**は、ファイル転送するファイルをクライアントから選択する部品です。ファイルを転送するには、formタグの**enctype**属性で**"multipart/form-data"**を指定し、**バイナリデータ**として転送します。

## 4 そのほかの部品要素

多くの入力部品がinputタグで作り出されますが、HTML5以前から、複数行のテキストを扱う部品やセレクトする部品を作る2つのタグ（部品）があり、inputタグと近い属性が使えるため、本項では、この2つの部品に独自の属性のみ見てみます（**表2-4-4**）。

■ 表2-4-4　そのほかの入力部品のタグ

| タグ | 内容 |
|---|---|
| <textarea>～</textarea> | 複数行のテキストを入力する部品 |
| <select>～</select> | 複数項目のリストから選択する部品（プルダウンとリスト） |
| <option>～<option> | selectタグの各項目を囲むタグ |

テキストエリアは複数行入力できるため、**表2-4-5**のとおり、行数や文字数が指定できる属性があります。

■ 表2-4-5　textareaとselectの属性

| 属性 | 内容 |
|---|---|
| rows | textareaタグで行数を指定(デフォルト2行) |
| cols | textareaタグで1行の文字数を指定(デフォルト20文字) |
| multiple | selectタグで複数選択を可能とする論理属性 |

## ①textareaタグ

記述と表示の例は、以下のとおりです。

```
<label for="q">その他のご質問：</label>
<textarea name="questions" id="q" rows="3" cols="50">
</textarea>
```

その他のご質問：

**textarea**タグを使ったテキストエリアは、**複数行**に及ぶ少し長いテキストを入力するための部品です。**rows**属性で行数を指定し、**cols**属性で1行の文字数を指定します。

## ②selectタグ

記述と表示の例は、以下のとおりです。

```
<label for="drinks">ドリンク：</label>
<select name="drink" id="drinks">
  <option value="1">ビール</option>
  <option value="2">ワイン</option>
  <option value="3">日本酒</option>
</select>
```

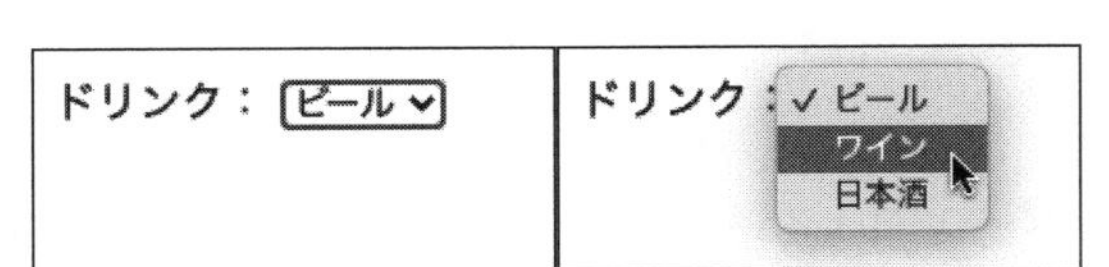


**select**タグを使ったセレクトと、**option**タグを組み合わせてリスト選択を作ることができます。[※2] multiple属性を書かなければ、リストは1行で表示され、クリックするとリストがプルダウンします。複数選択が可能となるmultiple属性を書くと、Webブラウザによってはプルダウンしないリスト（全体または一部分）として表示されます。

(※2) optionタグに「selected」または「selected ="selected"」を追記すると、初期状態から選択された状態となる。

# 第2章　演習問題

**問題 1**

HTMLは何を記述するための言語か。次の4つの中から正しい解答を1つ選びなさい。

1. プログラムを作成する
2. データを整形する
3. 文章の抽象構造を形作る
4. 文章の見栄えを飾る

解　答 ______________________________

**問題 2**

bodyタグの開始タグである<body>要素に対応する終了タグは何か。次の4つの中から正しい解答を1つ選びなさい。

1. </body>
2. <!--body>
3. <body ->
4. <body/>

解　答 ______________________________

**問題 3**

HTML5以降のHTML文書で標準として利用される文字エンコードの名称は何か。次の4つの中から正しい解答を1つ選びなさい。

1. Shift_JIS
2. UTF-8
3. ISO-2022-JP
4. EUC-JP

解　答 ______________________________

**問題 4**

HTML5以降のHTML文書を記述するときの1行目の記述はどれか。次の4つの中から正しい解答を1つ選びなさい。

1. <!DOCTYPE html>
2. <-DOCTYPE html>
3. <!DOCTYPE HTML PUBLIC "-//W3C//DTD HTML 4.01 Transitional//EN" "http://www.w3.org/TR/html4/loose.dtd">
4. <?xml version="1.0" encoding="UTF-8"?>

解答 ＿＿＿＿＿＿＿＿＿＿＿＿＿＿＿＿

**問題 5**

HTMLタグの記述はどれか。次の4つの中から正しい解答を1つ選びなさい。

1. <p>コンテンツです。<p>
2. <p>コンテンツです。</p>
3. <p>コンテンツです。<p/>
4. <p/>コンテンツです。<p>

解答 ＿＿＿＿＿＿＿＿＿＿＿＿＿＿＿＿

**問題 6**

下記のHTMLで親と孫の関係になるタグは何か。次の4つの中から正しい解答を1つ選びなさい。

```
<ul><div><li>いちご</li><li>メロン</li><li>西瓜</li></div></ul>
```

1. <ul>と<div>
2. <div>と<li>
3. <ul>と<li>
4. <div>と</div>

解答 ＿＿＿＿＿＿＿＿＿＿＿＿＿＿＿＿

### 問題 7

文章の表題を囲むタグで一番小さい項目となるタグはどれか。次の４つの中から正しい解答を１つ選びなさい。

1. <h0>
2. <h1>
3. <h6>
4. <h7>

解　答 ＿＿＿＿＿＿＿＿＿＿＿＿＿＿＿＿

### 問題 8

JavaScript言語の外部ファイルを組み込むタグは何か。次の４つの中から正しい解答を１つ選びなさい。

1. linkタグ
2. scriptタグ
3. loadタグ
4. metaタグ

解　答 ＿＿＿＿＿＿＿＿＿＿＿＿＿＿＿＿

### 問題 9

mainタグの開始タグである<main>要素に対応する終了タグは何か。次の４つの中から正しい解答を１つ選びなさい。

1. <!--main→
2. <%main%>
3. <main/>
4. </main>

解　答 ＿＿＿＿＿＿＿＿＿＿＿＿＿＿＿＿

**問題10**

imgタグにalt属性記入が必要な理由は何か。次の4つの中から正しい解答を2つ選びなさい。

1. デバッガーやテスターが説明として表示するため
2. スクリーンリーダーが画像の説明として利用するため
3. 画像ファイルの下に表示するため
4. 画像ファイルが読めないときに表示するため

解　答 ____________________

**問題11**

風景などの写真に利用すると画質がよく、ファイルサイズを小さく保てる画像フォーマットは何か。次の4つの中から正しい解答を2つ選びなさい。

1. JPEG形式　2. GIF形式　3. SVG形式　4. PNG形式

解　答 ____________________

**問題12**

Googleマップのように独立した別サイトの機能を組み込むタグは何か。次の4つの中から正しい解答を1つ選びなさい。

1. ulタグ　2. olタグ　3. iframeタグ　4. tableタグ

解　答 ____________________

**問題13**

labelタグとinputタグの関連付けはどれか。次の4つの中から正しい解答を2つ選びなさい。

1. labelタグのid属性とinputタグのid属性を同じ指定とする
2. labelタグのfor属性とinputタグのid属性を同じ指定とする
3. labelタグのfor属性とinputタグのclass属性を同じ指定とする
4. inputタグをlabelタグで挟む

解　答 ____________________

### 問題14

ボタンを表示するタグは何か。次の４つの中から正しい解答を２つ選びなさい。

1. button
2. bottom
3. input
4. select

解　答 ＿＿＿＿＿＿＿＿

### 問題15

inputタグを画面に非表示として次のページへデータを送信するとき、type属性に指定する値は何か。次の４つの中から正しい解答を１つ選びなさい。

1. hide
2. hidden
3. password
4. text

解　答 ＿＿＿＿＿＿＿＿

### 問題16

HTMLのplaceholder属性の動作は何か。次の４つの中から正しい解答を１つ選びなさい。

1. 入力フィールドが未入力のときにデータとして送信される
2. 入力フィールドが未入力でも入力されてもデータとして送信される
3. 入力フィールドに表示される
4. 入力フィールドが空のときに表示される

解　答 ＿＿＿＿＿＿＿＿

# 第3章

# CSS コンテンツスタイリング

# 3.1 CSSの基本

## 1 CSSの埋め込み

CSSの記述方法には、**style属性**への記述、**styleタグ**での記述、外部ファイルへの記述の3通りあります。

### ①style属性への記述

まず、HTMLタグのstyle属性への記述を見てみます。style属性にCSSを記述するのはCSSのテストや小規模なホームページの作成などでの利用は便利かと思われます。しかし、ある程度まとまった数があるホームページやWebシステムの作成では、利用は勧められません。記述と表記の例は、以下のとおりです。

```
<span style="font-weight: bolder;">赤</span>文字
```

**赤**文字

上記の例では、テキストを修飾するspanタグで囲まれた「赤」という文字にfont-weightプロパティでbolderというプロパティ値を指定することで、「赤」の文字の太さを従来よりも1段階太く設定しています。文章の中の数文字や、複数行の文章の中の1文をほかと違った色やサイズにするときなどにこのspanタグで囲んでスタイルを指定しましょう。

### ②styleタグでの記述

2つ目の方法は、headタグ内に記述するstyleタグの開始タグである<style>要素と終了タグである</style>要素の間に記述する方法です。このstyleタグを使う方法も、①のstyle属性を使う方法に近く、汎用性が低くなるため、CSSのテストや小規模の作成での利用のみを勧めます。記述の例は、以下のとおりです。

```
<style>
  body { background-color: lightpink }
```

```
</style>
```

上記の例では、**body**タグの背景色を明るいピンク色（**lightpink**）にしています。style属性での指定よりも、styleタグでの指定は、多くの**タグ**や次項で述べる**id属性名**や**class属性名**に対応したセレクタ指定が可能です。

### ③外部ファイルへの記述

3つ目の方法は、CSSを外部ファイルに記述して**link**タグで読み込む方法です。1つのCSSファイルを複数のHTMLファイルで読み込むことで、少ない手間で複数ページからなるホームページに**統一性**を持たせられるため、非常にお勧めです。linkタグは、**<head>**要素と</head>要素の間に書くのが望ましく、記述の例は、以下のとおりです。

```
<link rel="stylesheet" href="style.css">
```

CSSファイルを読み込むには、linkタグの**rel**属性で**"stylesheet"**を指定し、**href**属性でファイルの**URL**を指定します。HTMLファイルを取得した場所（Webサーバやローカル）であれば、**ファイルパス**を記述するだけで済みます。違うサイトにある場合は、https://～などで始まるファイルのURLを記述してください。多くのサイトで共通で使うライブラリ的なCSSファイルは、共通の**CDN**（※1）の利用とキャッシュを組み合わせてネットへのアクセスの効率をよくします。

（※1）**CDN**
Content Delivery Networkの略称。Google社などの配布団体が、ライブラリやフレームワークのCSS、JavaScriptを提供している。

## 2 CSSの文法

前項①のstyle属性を使う方法では、HTMLタグの中にCSSを直接記述するため、CSSを適用する対象となるタグがはっきりしています。一方、セレクタを使用する方法では、適用対象と複数の設定を記述するには、以下のような形式となります。

```
span { color: red; … }
```

● 図3-1-1　CSSの名称

セレクタは、CSSを適用する対象の指定となり、タグ名やid属性の名前やclass属性の名前などが指定できます。name属性の名前を使う指定は、少し複雑な書き方が必要ですが、そのほか複数の要素を絡ませて指定することも可能です。セレクタの複雑な書き方は、次節で詳しく述べます。

セレクタに適用する内容は、「{」と「}」の間に複数を書き込めます。内容としては、**プロパティ**と**プロパティ値**のセットの組が基本となり、プロパティとプロパティ値の組みを**複数**記述できます。プロパティの後には「:」を記述し、プロパティ値の後には「;」を記述します。プロパティとプロパティ値の組が1つのときのみ、「;」を省略することも可能です。ただし、「;」を省略しなくても手間は少なく、プロパティを追加するときには必要になるため、「;」を必ず書くようにしたほうが、後での間違いも少ないでしょう。

## 3 CSSのコメント

CSSのコメントの記述は、/* で始まり、*/ で終わるまでの間となります。以下の記述例のようにほかのプログラム言語に近い書き方ができ、非常にわかりやすいです。

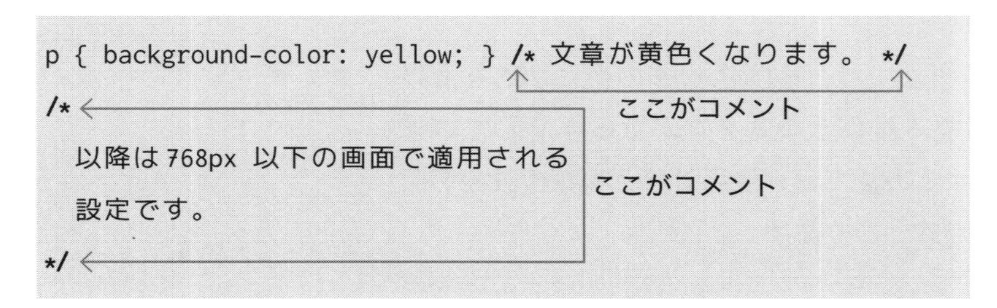

p { background-color: yellow; } /* 文章が黄色くなります。 */
ここがコメント
/*
以降は768px 以下の画面で適用される
設定です。
*/
ここがコメント


CSSファイルで日本語のコメントを入れるのであれば、CSSファイルの1行目に「@charset "UTF-8";」を入れましょう。

CSSのコメントは1行でも書け、複数行にわたる書き方も可能です。コメント自体をコメントで囲んで、 /*…/*…*/…*/ と書くと、最後の …*/ の部分はコメントが終わった後のために、コメントとなりません。最後の…*/をコメントにするのであれば、1つ前の「 * 」と「 / 」の間にスペースと入れるなどの対処が必要です。

## 4 アクセシビリティ機能と要件

CSSを活用する前の時代では、レイアウトを優先するために正しいコンテンツの配置をおろそかにするHTMLの記述が多くありました。顕著な例では、tableタグを活用したページレイアウトなどがあげられます。(※2) 画像を前面に出した販売サイトなども、タイトルと本文の文章構造の並びを崩しているかもしれません。

現在では、CSSを使った大胆なレイアウトができるため、スクリーンリーダーを使っても扱いやすいHTMLを記述でき、スクリーンリーダーを対象にしたアクセシビリティを高めています。しかし、アクセシビリティの要件を満たすためには、正しいHTMLの構造を意識して書き続けてください。

(※2) tableタグで作った表の中の各カラムにスライスした画像ファイルを配置し、複雑なイメージを表示するなどしていた。現在は禁止されている。

### コラム CSSのフレームワーク

情報系のスクールで教えていると、デザイン系の学生はHTMLとCSSは難なくこなせるのに対して、JavaScriptはどうしても手が進まない感じです。一方、プログラム系の学生はHTMLとJavaScriptはスムーズに進められたとして、CSSというよりデザインはかなりたどたどしい感じです。これは得意・不得意や好き・嫌いが影響しているのかもしれません。学習していくうちに、自分で克服しないとならない課題でしょう。

この何とかしたい課題に対して、JavaScriptであれば第4章第1節のコラムで紹介するjQueryを試してほしいところです。一方、CSSが苦手、または、なじめない人には、Bootstrapというフレームワークを勧めています。BootstrapはCSS+JavaScriptから成るもので、フレームワークと呼ぶよりはライブラリに近いでしょう。利用すると色や間隔などの基本的なバランスが取れるため、ただ組み込むだけでもそれらしくデザインがされた見栄えとなります。難点としては、誰が使っても基本は似通った見栄えとなることぐらいです。

# 3.2 CSSセレクタとスタイルアプリケーション

## 1 CSSのセレクタ

styleタグや外部ファイルにCSSを書くのであれば、対象となるセレクタを書いてから、そのセレクタに適用されるプロパティとプロパティ値の組み合わせを記述します。本節では、セレクタを区分けして説明していきます。

### (1) 全称セレクタ

まず、すべてのタグに当てはまる設定を書くときに使う、全称セレクタと呼ばれる特殊なセレクタの * があります。

Webブラウザが HTMLや CSSの規格に厳密に対応していたとしても、初期の設定値はWebブラウザごとで微妙に違います。このため、いくつかのブラウザで表示してみると、どうしても違いが出てしまいます。タグの初期値を設定し直したい場合などに、* である全称セレクタが大いに使えます。記述の例は以下のとおり、表記の例は**図3-2-1**のとおりです。

```
* { margin: 0; padding 0; box-sizing: border-box; }
```

●図3-2-1　ボックスの表記の例

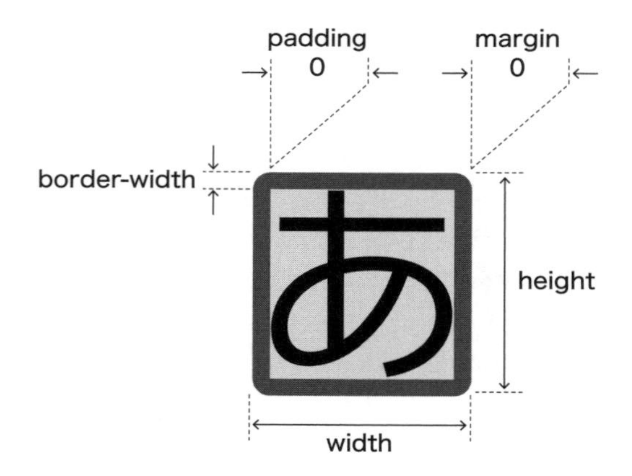

記述の例の**box-sizing**プロパティを**border-box**とすると、paddingやborderの太さの合計がwidthやheightとなります。加えて、すべてのmarginやpaddingは0となっているため、widthやheightを指定すると、widthやheightが指定したサイズのボックスとなります。

### （2）要素型セレクタ

次に、セレクタが**タグ名**となる**要素型セレクタ（タイプセレクタ）**を見てみましょう。記述の例は、以下のとおりです。

```
body { background-color: ghostwhite; }
```

bodyタグにCSSを割り当てると、bodyタグのプロパティとプロパティ値が設定されます。CSSの設定は、子タグに継承されるため、<body>要素以降で</body>要素までの中に囲まれている子孫タグのプロパティも同じプロパティ値となります。さらに、その子孫に囲まれた子孫タグも同じ扱いで、CSSの設定が引き継がれていきます。

タグ名だけで指定していくと、部分の細かい指定ができないため、改めて名前を使った指定を見てみましょう。記述と表記の例は以下のとおりです。

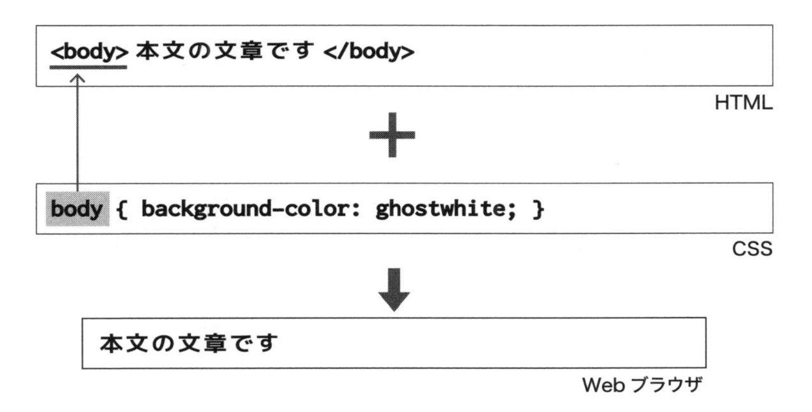


### （3）クラスセレクタ

すべてのタグには、**class**属性を記述することが可能です。このclass属性の値に対してCSSを指定するのは、**クラスセレクタ**です。クラスセレクタは、ドキュメント内で**複数指定可能**です。CSSの記述でclass属性を指定するには、タグ名と . とclass属性値をつなげたspan.beautyやdiv.beautyと記述し、セレクタとなり、間にスペースは入れません。もしここで、複数の違うタグに対して同じclass属性値を指定しているのであれば、タグ名を省略して . とclass属性値を付けた .beautyがセレクタとなります。タグ名とclass属性名のセットから作られます。 .〜で定義できる1つのクラスセレクタは、複数のHTMLタグに記述できます。記述の例は以下のとおり、表記の例は**図3-2-2**のとおりです。

```
<span class="beauty">美男子</span>または<span class="beauty">
    美男</span>は、男らしさを備え容姿と印象共に端正または精悍
    で魅力的なシスジェンダー<span class="beauty">男性</span>お
    よびトランスジェンダー<span class="beauty">男性</span>を指
    す言葉
span.beauty { color: gold; }
```

● 図3-2-2　class属性の表記の例

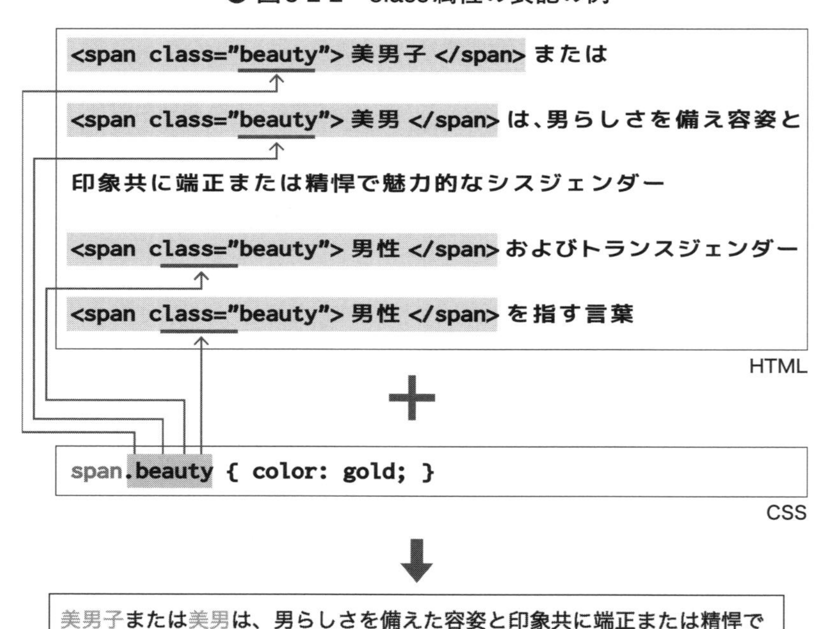


## (4) idセレクタ

すべてのタグには、id属性を記述することが可能です。このid属性の値に対応してCSSを記述するのは、idセレクタです。idセレクタは、タグ名と#とid属性値をつなげたspan#woman1やspan#woman2と

記述します。HTMLドキュメント内のid属性の値はユニークとする必要があります。言い換えると、1つのidセレクタは1つのHTMLタグに記述するため、タグ名は省略して、#woman1や#woman2と書けます。記述の例は以下のとおり、表記の例は**図3-2-3**のとおりです。

```
美人とは、<span id="woman1">女性らしさ</span>を備え<span
    id="woman2">容姿・声・印象共に美しい</span>成人しているシ
    スジェンダーおよびトランスジェンダー女性をさす言葉
span#woman1 { color: orange; }
span#woman2 { color: purple; }
```



**● 図3-2-3　id属性の表記の例**

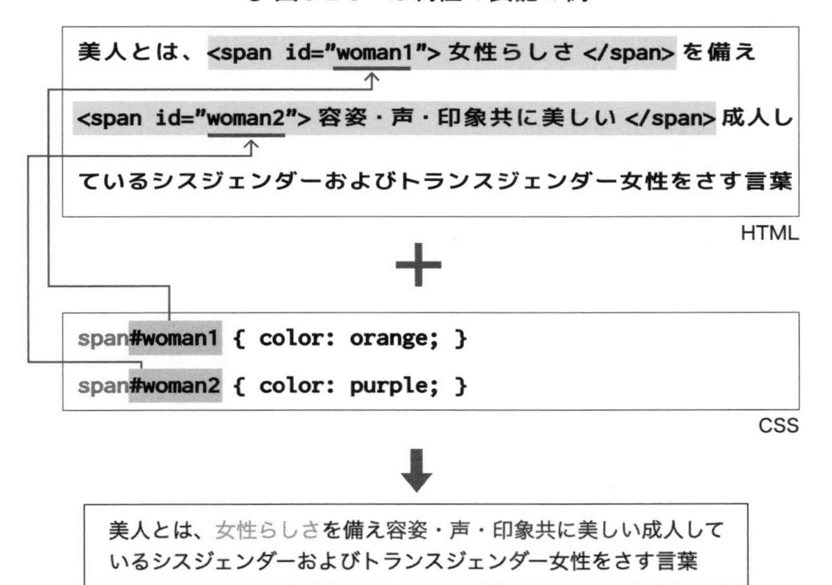


## (5) 属性セレクタ

（1）～（4）以外に、タグの属性を使って対象を指定する**属性セレクタ**という書き方もあります。属性セレクタは、タグ名と **[** と属性と **=** と **"**（ダブルクォート）で囲んだ属性値と **]** で指定できます。

記述の例は以下のとおり、表記の例は**図3-2-4**のとおりです。

```
<button name="left">左</button>
button[name="left"] { border: 3px dashed blue; }
```

●図3-2-4　属性セレクタの表記の例

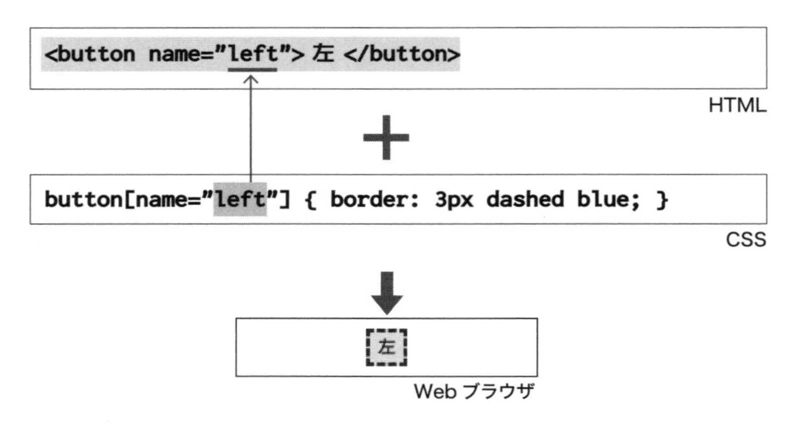

<button name="left"> 左 </button>
HTML
button[name="left"] { border: 3px dashed blue; }
CSS
左
Webブラウザ

タグ名は省略できます。対となっている2つのダブルクォートも省略可能ですが、正しい文法を書くためには省略しないようにしましょう。

## 2 親子セレクタと子孫セレクタ

前項（2）名前を使った指定では、セレクタに指定するタグ名、id属性値、class属性値、そのほかの属性値が1つだけ書かれたパターンを使いました。実際には、複数のタグや属性を組み合わせてセレクタを構成できます。複数のタグや属性値を組み合わせた場合、組み合わせのパターンによって意味が違ってくるため、細かくセレクタを見ていきましょう。

### （1）親子関係のセレクタ

まず、親子関係のセレクタを表す記述の例は以下のとおり、表記の例は**図3-2-5**のとおりです。

```
<p>だし<span class="el">巻</span>き卵がお勧めです。</p>
p > .el { display: inline-block; transform: rotate(45deg); }
```

上記の例のp > .elは、pタグの開始タグである<p>要素と終了タグである</p>要素の間に書かれた**子**であるspanタグのclass属性がelに一致するタグとなり、「巻」という文字だけに記述されたCSSが適用されます。CSSは、指定のspanタグで囲まれた文字が横並びとなって、周囲の空きも持ちつつ、45°回転する指定となります（**図3-2-5**）。「＞」を使うと、次に探すのは子までで、さらに孫までは探しに行きません。

● 図3-2-5　子孫結合の表記の例

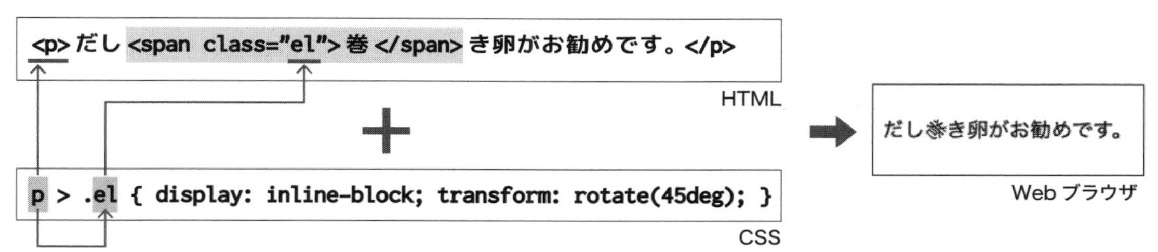


## （2）子孫セレクタ

次に、子孫セレクタを表す記述の例は、以下のとおりです。記述の例は以下のとおり、表記の例は**図3-2-6**のとおりです。

```
<ul>
  <li>卵<span class="fire">焼</span>き</li>
  <li>目玉<span class="fire">焼</span>き</li>
</ul>
ul .fire { font-weight: bolder; }
```

この例のul .fireは、ulタグの開始タグである<ul>要素と終了タグである</ul>要素の間に書かれたタグ、または、さらに**子孫**であるタグへたどって、class属性値がfireであるタグに適用されるCSSを記述しています。CSSでは、指定のspanタグで囲まれた文字列を太字としています。

● 図3-2-6　親子結合の表記の例

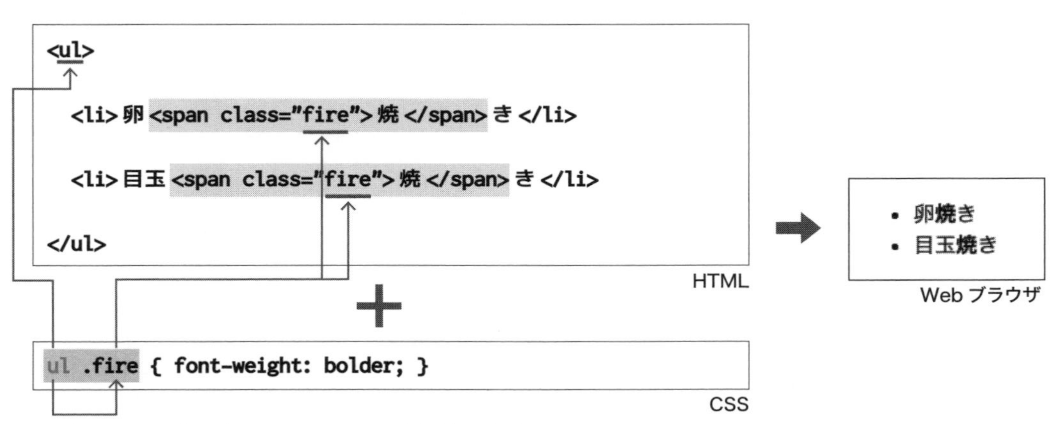

### (3) 複数セレクタ

最後に、複数セレクタに同じ設定をするための記述の例は以下のとおり、表記の例は**図3-2-7**のとおりです。

```
<p>
  <small>要素は、<span class="tag">開始タグ</span>・<span
    id="cont">内容</span>・
  <span class="tag">終了タグ</span>の3つから構成される。</
    small>
</p>
.tag, #cont { font-size: x-large; }
```

セレクタを「,」(カンマ)で区切って記述すると、記述されたセレクタに同じCSSが設定されます。この例では、class属性がtagのタグ、**または**、id属性がcontのタグで囲まれた文字列をx-large(大文字)としています。tdタグとthタグのような、近いタグに同じCSSの設定をするときなどに活用できます。

● 図3-2-7　複数セレクタの表記の例

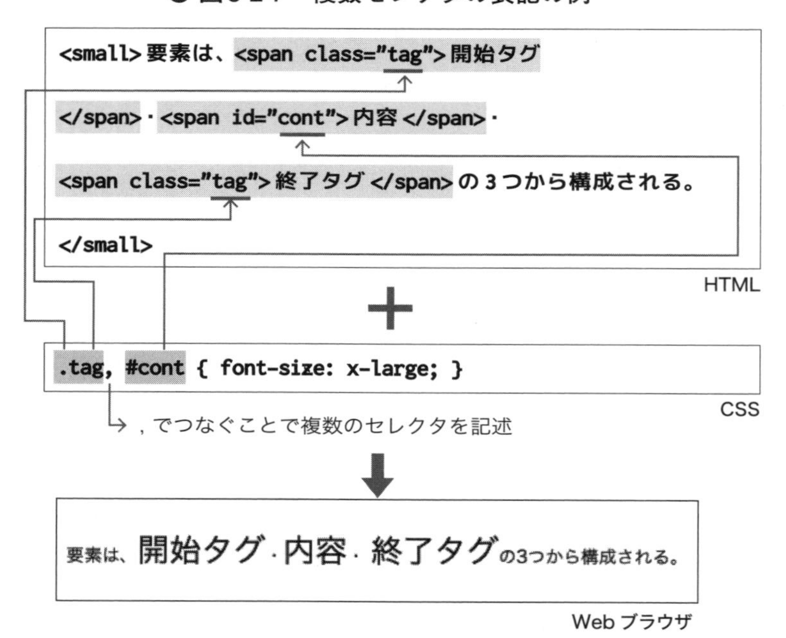

## 3 CSSの擬似クラス

HTMLのタグの中には、aタグのようにいくつかの状態(※1)を持つタグがあり、タグの状態によって、CSSの設定を分けたいときがあります。タグのいくつかの状態を擬似（pseudo）クラスと呼び、**擬似クラスごとに対応するCSSを個別に記述することが可能です**。本項では、このCSSの擬似クラスを見てみます。記述の例は以下のとおり、表記の例は**図3-2-8**のとおりです。

(※1) **状態**
aタグには、未クリック、クリック済み、マウスが載っている、クリック（ボタンを押下）中の4つの状態がある。

```
<a href="lpi.org" target="_blank">トップ</a>
a:link    { color: cyan; }
a:visited { color: purple; }
a:hover   { background-color: pink; }
a:active  { color: red; }
```

擬似クラスは、セレクタと組み合わせて使うための記述です。上記の例では、aタグの後に：と擬似クラスのlinkなどを付けてセレクタとしています。**link擬似クラス**は、まだアクセスされていない状態のリンク（ aタグ）のCSSを、**visited擬似クラス**は、すでにアクセスされた状態のリンク（aタグ）のCSSを、**hover擬似クラス**は、マウスが上に載った状態のリンク（aタグ）のCSSを、**active擬似クラス**は、マウスの右ボタンが押された状態（右マウスボタンを離さない状態）のリンク（aタグ）のCSSを、それぞれ記述しています。大きな注意点が1つあり、定義する順番を入れ替えると機能しません。

これ以外の擬似クラスには、タブキーを押すなどしてタグの領域にフォーカスが移動した場合に効くfocusなどがあります。

● 図3-2-8　擬似クラスの表記の例

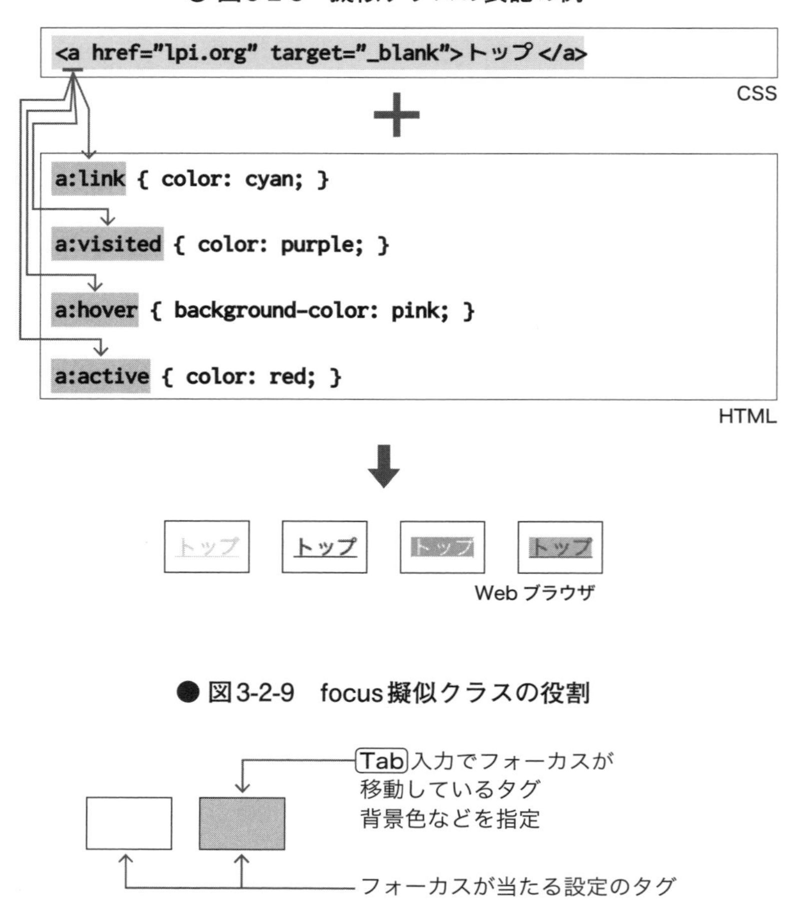
<a href="lpi.org" target="_blank">トップ</a>
CSS
a:link { color: cyan; }
a:visited { color: purple; }
a:hover { background-color: pink; }
a:active { color: red; }
HTML
トップ
トップ
トップ
トップ
Webブラウザ
Tab入力でフォーカスが
移動しているタグ
背景色などを指定
フォーカスが当たる設定のタグ

● 図3-2-9　focus擬似クラスの役割

## 4 CSSのルールの順序と優先度

CSSの指定は優先順位があり、複数の外部ファイルを利用する場合は、読み込む順番によっても表示が変わるため、注意が必要です。簡単な解釈としては、タグに一番近い指定が優先となり、同じレベルの指定の中では、最後の指定が最終的に適用されます。近い指定としては、各タグのstyle属性に記述したCSSが最終的に解釈されます。

ただし、importantフラグを付けると**最重要となり、すでに記述した定義を一方的に壊してしまいます**。そのためimportantフラグの使用は、あまり勧められません。記述と表記の例は、以下のとおりです。

```
<body>
  <p>統一資源位置指定子とは、インターネット上<span id="mark1"
```

```
    class="mark2" style="transform:rotate(45deg) ;">の</span>
    リソースを特定するための形式的な記号の並び。</p>
  <style> span {display:inline-block;}
.mark2 { color:blue; transform: rotate(-90deg); }</style>
  <link href="style1.css" rel="stylesheet">
</body>
```

**統一資源位置指定子とは、インターネット上のリソースを特定するための形式的な記号の並び。**

上記の例では、pタグのstyle属性と、spanタグとstyleタグとlinkタグでの読み込みが記述されています。同じプロパティは上書きまたは無効になりますが、異なるプロパティは適用されます。このため、pタグのstyle属性の指定がpタグに適用されて、以降のstyleタグの記述とlinkタグの読み込みはpタグに対して評価されず、無効となります。もう1つの記述と表記の例は、以下のとおりです。

```
<body>
  <p>統一資源位置指定子とは、インターネット上<span id="mark3"
    class="mark4">の</span>リソースを特定するための形式的な記
    号の並び。</p>
  <style> span {display:inline-block;}
.mark4 { color:cyan; transform: rotate(90deg); }</style>
  <link href="style2.css" rel="stylesheet">
</body>
```

**統一資源位置指定子とは、インターネット上のリソースを特定するための形式的な記号の並び。**

この例では、style属性でのCSSの記述はなく、styleタグの定義の次にlinkタグが記述されているため、linkタグに書かれたCSSがそれまでの記述を上書きします。styleタグとlinkタグの行を入れ替えると、styleタグに記述されているCSSが最終的に適用されます。(※2)

(※2) セレクタの優先順位は、idセレクタ、classセレクタ、要素型セレクタ、全称セレクタとなる。

# 3.3 CSSスタイリング

## 1 CSSで使用される単位

幅や高さを指定してCSSで四角いボックスを作るとき、文字を入れるボックス全体のサイズや読みやすい行間のサイズを最適に指定できることが望ましいです。サイズを指定するためのさまざまな単位を知ることで、サイズ指定での間違いを少なくできます。サイズ指定の単位はいくつかの基準があります。

### (1) 絶対単位

まず、現実の単位と同じ絶対単位(**表3-3-1**)について見ていきます。

■ 表3-3-1　絶対単位の種類

| 絶対単位 | 内容 |
|---|---|
| px | 1px=1/96インチ(ディスプレイの1ドット≒1ピクセル)(※1) |
| pt | 1pt=1/72インチ(フォントサイズで使用) |
| mm | ミリメートル(1mm=1/10cm) |
| cm | センチメートル(1cm=96px/2.54) |
| in | インチ(1in=2.54cmまたは96px) |

(※1) 1ピクセルは、並んだ赤青緑の3ドットのオンオフの組み合わせで構成されている。

**px**は、コンピュータのデザインの世界で昔から使われてきた画面の最小単位であるピクセル数(※2)を指定します。**pt**は、コンピュータのフォントサイズとして使われているポイント数(※3)を基準に指定します。

現在のコンピュータは、液晶のディスプレイに画像を表示しており、ディスプレイは、小さな点(ドット≒ピクセル)が縦横に並んでいるため、横のピクセル数と縦のピクセル数という単位で画面全体のサイズを指定できます。1つのピクセルは1pxで、100ピクセル集まると100pxです(**図3-3-1**)。

(※2) **ピクセル数**
画面の縦横の最小単位となる点の数

(※3) **ポイント数**
出版に使われるフォントサイズで、1ptは約0.35mm

● 図3-3-1　画面とピクセルの関係

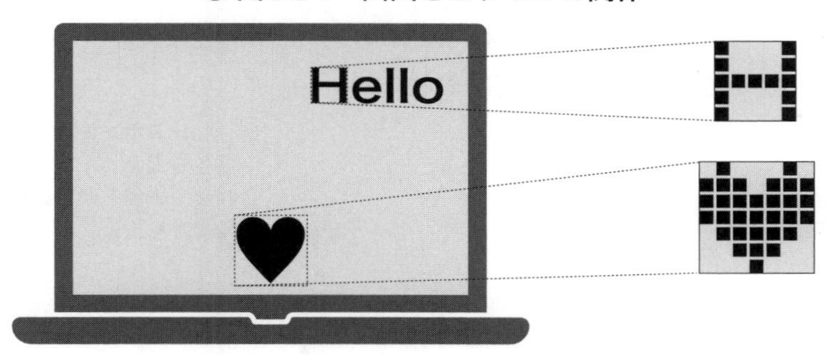


コンピュータの始まりは英語圏であったため、基本的な単位がインチとなっていますが、日本でなじみの深いセンチメートルやミリメートルも使えます。ホームページを見る端末は、スマートフォンからPCまで大きさがさまざまで、端末の画面サイズ・解像度もばらばらです。このため、絶対単位でのサイズ指定は、だんだんと敬遠されています。

そこで、絶対単位ではなく（2）の相対単位が利用されるようになりました。

### （2）相対単位

次に、相対単位（**表3-3-2**）を見てみましょう。

■ 表3-3-2　相対単位の種類

| 相対単位 | 内容 |
|---|---|
| % | 親要素の横幅または縦幅のパーセント |
| em | 自分自身のフォントサイズを1em |
| rem | ルート要素のフォントサイズを1rem |
| vw | ビューポートの幅のパーセント |
| vh | ビューポートの高さのパーセント |

画面や親要素などの幅や高さを基準とした相対単位は、全体に対するパーセントで表せます。たとえば、幅の半分であれば50%、高さの3分の1くらいであれば約33%です。幅や高さの指定は、ほかのプロパティを調整しなくても最初からパーセント表現のため、指定しやすいです。ただし、margin、padding、width、heightを合わせて考えると、多少の工夫は必要となります。

また、フォントサイズを基準にしたemやremは、すべてを調整しなくてもある程度のバランスが保てます。さらに、表示領域を意味するビューポートを基準にしたvwやvhを使うと、解像度によらないレスポンシブ(※4)なデザインができます(図3-3-2)。

(※4) **レスポンシブ**
異なる画面サイズの幅に合わせ、表示を柔軟に調整し見やすくする。

● 図3-3-2 画面とパーセントの関係

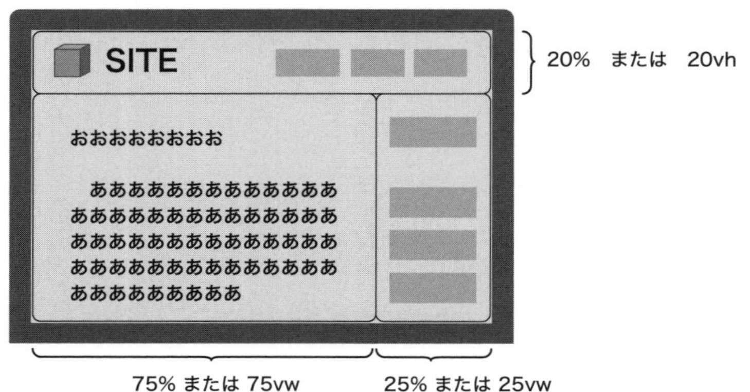


## 2 CSSでよく使用されるカラー指定

CSSのプロパティ値として、色の指定があります。色、つまり、カラーは、名前での指定、数値での指定に分けられます。

### (1) 名前による指定

まず、名前での指定を見てみると、すべての色に名前が付けられているわけではなく、Black、Navy、Green、Teal、Maroon、Purple、Olive、Silver、Gray、Blue、Line、Aqua、Red、Fuchsia、Yellow、WhiteのようなHTML3(バージョン3)からサポートされている16色がありました。HTML4以降、現在のCSS3では、W3Cのwebカラー名定義(※5)により、147色(重複を除くと138色)の名前が定義されています。

(※5) **W3Cのwebカラー名定義**
AquaとCyanのように重複している色が9色ある。
https://www.w3.org/wiki/CSS/Properties/color/keywords

### (2) 数値による指定

一方、多くのPCやスマートフォンなどの端末は、より多くの色が扱えます。このため、数値で色を指定すると、多彩な色が指定できるでしょう。数値での色指定は、2通りあります。

1つは、HTMLの古いバージョンから使われてきた表現です。

#FF00FFのような#で始まり、以降にディスプレイで使われるR（赤）G（緑）B（青）の各色に、輝度の多い少ないを表す2桁の値を並べて6桁とする指定です。1つの色で表せる値は、00～FFまでの16進数です。(※6)

もう1つは、関数を使って表現します。使われる関数の1つ目としてはrgb( )があり、引数にはRGBの各色の濃さを8ビットの数値である0～255または0%～100%を「,」（カンマ）で区切って指定していきます。記述の例は、以下のとおりです。

```
赤 red    #FF0000  rgb(255,0,0)
緑 green  #00FF00  rgb(0,255,0)
青 blue   #0000FF  rgb(0,0,255)
```

CSS カラーモジュールLevel3(※7)から透明色が使えるようになり、#で始まる数値の桁数を増やしたり、新たなrgba( )関数を使ったりすることで、透明度を指定できます。#で始まる数値は、8桁の数字の最後の2桁に、透明度を表す16進数である数値（00（完全な透明）からFF（完全な不透明））を続けます。新たな関数のrgba( )を使うには、RGBの各色を%で指定した場合は、透明度に当たるaを0%～100%で記述し、数値で指定するには0～255とした後に、aを0～1で記述します。表記の例は、**図3-3-3**のとおりです。

（※6）10進数で表すと、0～255の256段階

（※7）**CSSカラーモジュールLevel3**
https://standards.mitsue.co.jp/resources/w3c/TR/css3-color/

● 図3-3-3　数値指定の表記の例（rgba()　rgba(255,192,203,0.25)　0〜1の4）

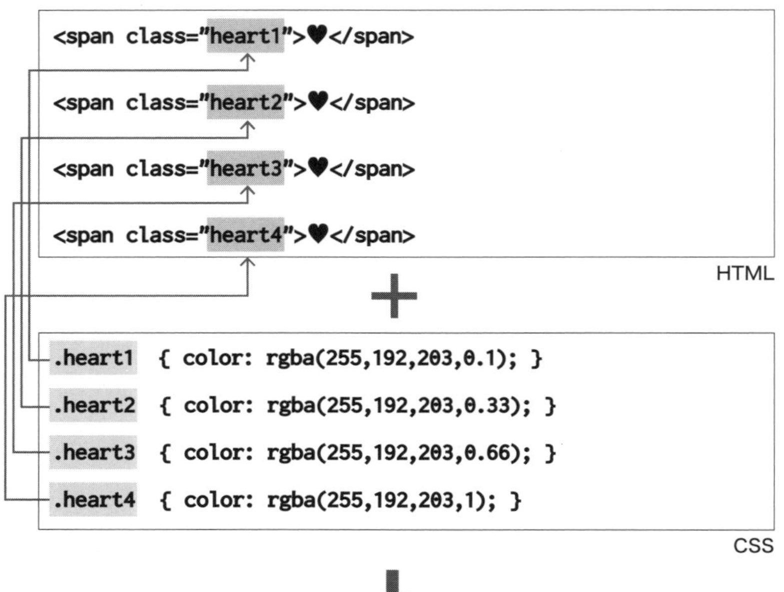


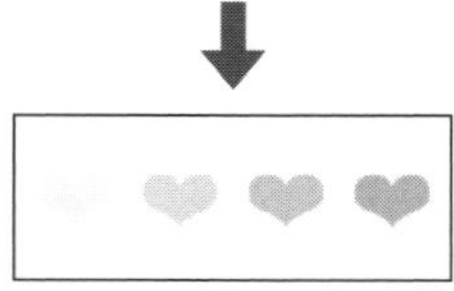

Web ブラウザ

実際に表示される色の発色は、各端末のディスプレイに強く依存します。このため、多くの端末が使われるようになっている昨今では、制御が難しい問題です。

## 3 基礎的な CSS プロパティ

CSSの指定で知っておくべきプロパティが数多くあります。

本項では、基礎的なCSSのプロパティを順番に見ることにします。まずは、色や背景画像のプロパティ（**表3-3-3**）を見ていきましょう。

■ 表3-3-3　色・背景画像のプロパティの種類

| プロパティ | 内容 |
| --- | --- |
| color | 文字色の指定（#で始まる数値やrgb()関数などで値に指定） |
| background-color | 背景色の指定（#で始まる数値やrgb()関数などで値に指定） |
| background-image | 背景画像の指定（url("文字列")で指定） |

| プロパティ | 内容 |
|---|---|
| background-repeat | 背景画像の繰り返し（repeat…埋め尽くし:デフォルト、no-repeat(繰り返さず1つだけ)、repeat-x…横方向に繰り返し、repeat-y…縦方向繰り返し） |
| background-position | 開始位置の指定 |
| background-size | 拡大縮小の指定（contain…そのまま、cover…領域に合わせて拡大縮小、auto…比率を維持して拡大縮小） |



**color**や**background-color**は、**div**で囲んだボックスや**span**で囲んだ領域の文字色や背景色を指定します。**background-image**を使うと、領域の背景にURLで指定した画像が貼り付けられます。**background-repeat**で、領域内に画像を繰り返して表示するかどうかなどを指定できます。**background-size**で、左上端からの描画する位置をpxや%などで指定するとよいでしょう。backgroundは、background-colorやbackground-imageなどを複数同時に指定できたり、background-color:red;をbackground:red;と-colorを省略して記述できるため、便利に使われています。

次に、フォントを指定するプロパティ（**表3-3-4**）を見てみます。

**■表3-3-4　フォントのプロパティの種類**

| プロパティ | 内容 |
|---|---|
| font-family（※8） | フォントファミリーを指定（sans-serif, serif, monospaceなど） |
| font-size | フォントサイズを指定（xx-small～small, mediam,large～xxx-large, smaller, larger） |
| font-style | フォントスタイルを指定（normal, italic, oblique,） |
| font-weight | フォントの太さを指定（normal, bold, bolder, lighter） |

フォントの名前を指定するCSSのプロパティは、クライアントにインストールされているフォントの種類に依存するため、指定しても変化が期待できないケースも多くあります。スマートフォンなどは内臓フォントが少ないため、特に、指定がしにくいでしょう。**font-size**の指定は、ptやpxでの指定も可能ですが、具体的な数値でないlarge、em、remでの相対的な指定のほうが、だんだんとレスポンシブWeb（次節第5項参照）となり得るためお勧めします。

（※8）**font-family**
- sans-serif：英字フォント。セリフと呼ばれる飛び出しの飾りがないフォントであり、文字がはっきりとする。
- serif：英字フォント。セリフのあるフォントであり、文章として読みやすくなる。
- monospace：等幅の英字フォント。絵文字に最適である。

font-styleは、italicの指定時に利用可能フォントにイタリック体があれば、イタリック体が利用されます。また、obliqueの指定時に利用可能フォントに斜体があれば、斜体が利用されます。font-weightは、100（極細）～900（極太）が使用できて、400（normal）や700（bold）となります。レスポンシブなデザインを考えると、親要素に対して太いbolderや細いlighterなどの使用が望ましいです。

● 図3-3-4　行間指定の表記の例

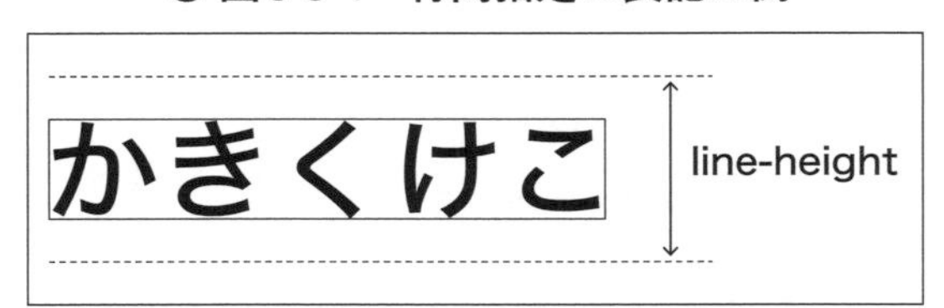


ホームページの文章は、デフォルトでは行間がないため非常に見にくいです。ただし、%やemで相対的に指定したつもりが、親要素の値が子要素に行き渡らなくて、予想外の結果が起こることもあり得ます。予想外の結果を起こさないためにも、line-heightでは1.5のような単位のない数値を指定すると、テキストのある要素の1.5倍となり、多少改善します。

これまでは、文章を扱うpタグに関連するプロパティの説明でしたが、pタグから少し離れて、独立した項目となるリスト表示に使われるタグに適用するプロパティを見ていきましょう（表3-3-5）。

リスト表示は、番号付きと番号なしと説明の3つのバリエーションがあります。さらに、CSSのプロパティを指定することにより、表示されるパターンが増えて表現の幅が各段に広がります。

■ 表3-3-5　リスト表示のプロパティの種類

| プロパティ | 内容 |
| --- | --- |
| list-style-image | リストのマーカーに画像を指定 |
| list-style-type | リストのマーカーを指定 |
| list-style | プロパティを一括指定 |

list-style-typeは、ulタグやolタグなどの<li>～</li>要素の前に付く記号や番号のマーカーを、デフォルトの「・」（disc：点）や数字（アラビア数字）から、違う形や違う種類の数字（ローマ数字や漢数字など）へ変更できます。noneを指定すると、マーカーを表示しませ

ん。また、**list-style-image**を使うと、ulタグの記号にurl( )で指定した画像を利用することも可能です。list-styleは、list-style-typeとlist-style-imageの機能を合わせて設定可能です。list-style-typeで指定できる値は、**表3-3-6**のとおりです。また、表示の例は、**図3-3-5**となりです。



■ 表3-3-6　list-style-typeで指定できる値

| 値 | 内容 |
|---|---|
| disc | 黒丸の・（ulタグのデフォルト） |
| circle | 白丸の○ |
| square | 四角の■ |
| decimal | 数字（olタグのデフォルト） |
| cjk-decimal | 漢数字（一,二,三,…） |
| upper-roman | 大文字のローマ数字（Ⅰ,Ⅱ,Ⅲ,…） |
| lower-roman | 小文字のローマ数字（ⅰ,ⅱ,ⅲ,…） |
| lower-greek | ギリシャ文字（α,β,γ,…） |
| lower-latin | 英小文字（a,b,c,…） |
| upper-latin | 英大文字（A,B,C,…） |

● 図3-3-5　list-style-typeの表記の例

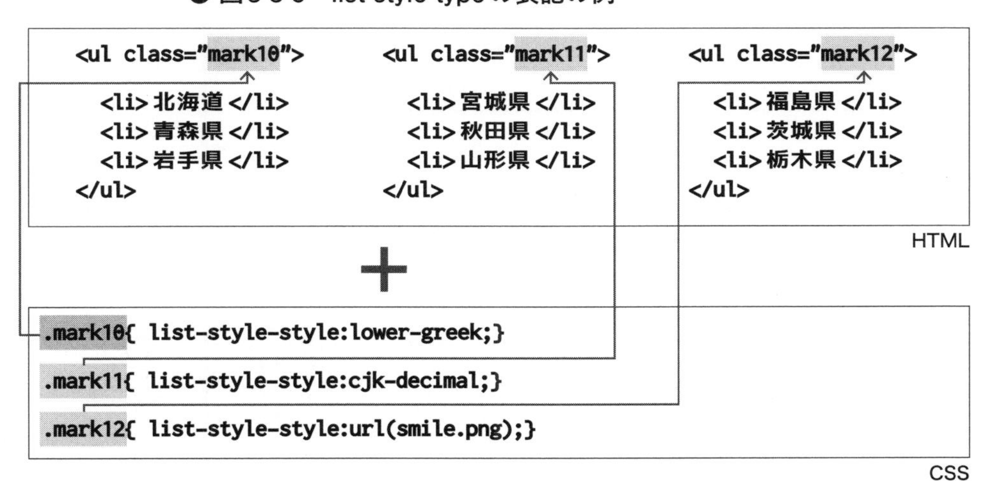

# 3.4 ボックスモデルとレイアウト

## 1 CSSレイアウト要素のdimensionの定義

HTMLで書かれた文章などのコンテンツをCSSでレイアウトするとき、通常は、divタグの要素である**<div>〜</div>**の単位でレイアウトする方法が使われます。このdivタグのようなレイアウトのためのタグは、**ボックス単位**で捉えるために、横の長さ、縦の長さ、外側の余白の長さなど、CSSのプロパティが設定されます。

前述したdivに限らず、ほかのタグにも**表3-4-1**のプロパティが存在するため、さまざまなところで使えて便利です。

■ 表3-4-1　CSSのプロパティの種類

| プロパティ | 内容 |
|---|---|
| width | ボックスの**幅**の長さを指定 |
| height | ボックスの**縦**の長さを指定 |
| margin | borderを含まない**外側**の余白の長さを指定 |
| padding | borderを含まない**内側**のコンテンツまでの長さを指定 |
| border | ボックスの**枠線**の太さ、枠線の種類、枠線の色を指定 |

表示の例は、**図3-4-1**のとおりです。

● 図3-4-1　ボックスの表記の例

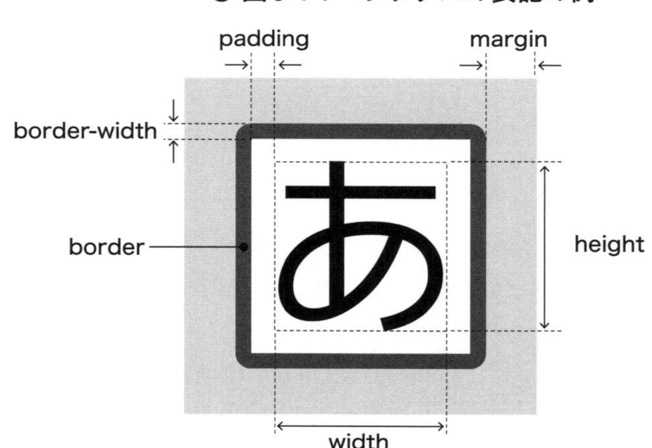

**図3-4-1**のプロパティの関係は、**box-sizing**プロパティがデフォルトの**content-box**のときの関係となります。記述と表記の例は、以下のとおりです。

```
<div>&lt;dimension&gt; は CSS のデータ型で、&lt;number&gt; とそ
    れに添付された単位を表します (10px など)。</div>
div{
  margin: 8px;
  padding: 5px;
  border: 2px dotted red;
  width: 500px;
  height: 100px;
}
```

<dimension> は CSS のデータ型で、 <number> とそれに添付された単位を表します (10px など)。

borderの線の種類は、**表3-4-2**のとおりです。

**■ 表3-4-2　borderの線の種類**

| プロパティ | 内容 |
|---|---|
| solid | 実線 |
| dotted | 点線 |
| dashed | 破線 |
| double | 二重線 |

divタグなどをボックス化するときに使う**border**プロパティについて、もう少し具体的に見てみましょう。borderプロパティに指定できるプロパティ値は、枠線の**太さ**、枠線の**種類**、枠線の**色**の3つです。

枠線の太さはピクセルなどで指定でき、枠線の種類は名前で指定でき、枠線の色は名前または#で始まる数値あるいはrgb()で指定できます。

また、個別に枠線の太さは**border-width**プロパティで指定でき、枠

線の種類は**border-style**プロパティで指定でき、枠線の色は**border-color**プロパティで個別に指定できます。さらに、**border-top**、**border-right**、**border-bottom**、**border-left**で、上右下左の枠線を個別に指定して、指定した枠線のみ表示が可能です。つまり、上だけに区切り線を引いたり、右だけにマーク的な線を引いたりすることも可能です。

borderの枠線の外側の余白は**margin**で指定でき、borderの枠線の内側のコンテンツまでの余白を**padding**で指定できます。marginとpaddingで数値を**1つ**記述すると、**上下左右**のすべてが同じ数値の指定となります。数値を**2つ**記述すると、1つ目の数値が**上と下**の数値で、2つ目の数値が**左と右**の数値となります。

数値を3つ記述すると上と左右と下の順に、**4つ**記述すると上右下左の順に数値が指定されます。margin-top、margin-right、margin-bottom、margin-leftと個別に指定することも可能です。同じく、paddingも、四方向のそれぞれにpadding-topなどで指定できます。

## 2 CSSレイアウト要素のpositionと位置指定要素の定義

divタグで作られた<div>要素～</div>要素で囲まれたボックスが複数並んだ場合、**position**プロパティと、topプロパティ、leftプロパティ、rightプロパティ、bottomプロパティとの組み合わせで、divタグで作った要素の解釈がかなり変わってきます。そのときの1つの基準となるpositionプロパティに指定できる値は、**表3-4-3**のとおりです。

■ 表3-4-3　positionプロパティのプロパティ値と解釈

| プロパティ値 | 内容 |
|---|---|
| static | デフォルトの解釈で、子要素が書かれた順に並ぶ。 |
| relative | left、top、bottom、right指定で要素位置が移動、ほかの要素に影響なし。 |
| absolute | left、top、bottom、right指定された要素はビューポートからの絶対位置に固定表示、親要素と一緒にスクロール、ほかの要素は指定要素なしで描画 |
| fixed | left、top、bottom、right指定された要素はビューポートからの絶対位置に固定表示、ほかの要素は指定要素なしで描画 |
| sticky | stickyが指定された要素は親要素のスクロールに伴い親要素内をスクロール、ほかの要素に影響なし。 |

**position**プロパティは、ほかのdisplayプロパティの影響もあるため、一言では説明しにくいですが、positionプロパティの値によって、置かれたdivタグのボックスの動きがかなり変わります。**relative**が指定された要素は、自分の位置を基準に、left、top、right、bottomで指定した値だけずれて表示され、周りの要素は、relativeの要素があるものとみなして表示されます。**absolute**や**fixed**が指定された要素は、ビューポートを基準に、left、top、right、bottomが指定された位置に表示され、周りの要素は、absoluteやfixedが指定された要素を無視して表示されます。ただし、fixedが指定された要素は、画面がスクロールされても同じ位置に表示されます。

**表3-4-4**で、前述のプロパティをいくつか確認しましょう。

**■表3-4-4　位置指定要素**

| プロパティ | 内容 |
|---|---|
| left | 親要素やビューポートの左からの位置 |
| top | 親要素やビューポートの上からの位置 |
| right | 親要素やビューポートの右からの位置 |
| bottom | 親要素やビューポートの下からの位置 |

## 3 要素の周りに浮動要素を指定する方法

HTMLドキュメントでは、文章以外に画像も扱え、文章は画像などの周りに回り込ませ、書籍のようなレイアウトが可能です。画像だけでなく、divタグなどで囲まれたボックスを左右に送り込んだり、回り込みを止めたりするために、**表3-4-5**のプロパティがあります。

**■表3-4-5　浮動要素のプロパティの種類**

| プロパティ | 内容 |
|---|---|
| float | leftかrightの指定で要素の左か右へ回り込み |
| clear | leftかrightかbothの指定で左か右か両方の回り込みを終了 |

画像は**img**タグで指定し、画像のタイトルは**figcaption**タグで囲み、imgタグとfigcaptionタグは**figure**タグで囲んでください。figcaptionタグをdivタグなどのように1つのブロックとして考える

と、pタグといったテキストの節などを画像ブロックの右寄せにしたり、画像ブロックの左寄せにしたりすることが可能です。記述と表示の例は、以下のとおりです。

```
<figure style="float:left">
  <img src="cat.png"><figcaption>ねこです。</figcaption>
</figure>
<figure style="float:right">
  <img src="dog.png"><figcaption>いぬです。</figcaption>
</figure>
<p>Uniform Resource Locator～、そうである。</p>
```

ねこです。

いぬです。

Uniform Resource Locator（ユニフォーム リソース ロケータ、URL）または、統一資源位置指定子（とういつしげんいちしていし）とは、インターネット上のリソース（資源）を特定するための形式的な記号の並び。WWWをはじめとするインターネットアプリケーションにおいて提供されるリソースを、主にその所在を表記することで特定する。なお、ここでいう、「リソース」とは、（主にインターネット上の）データやサービスを指し、例えばウェブページの保存場所や電子メールの宛先といったものがそうである。

## 4 ドキュメントフロー

HTMLのタグの領域を可視化して見た場合に、<h1>～</h1>のような画面幅一杯に表示されるタグの要素を、**ブロック要素**と呼びます。また、<span>～</span>のように必要な横幅だけ描画し、同じ要素が続いたときには並べて表示される要素を、**インライン要素**と呼びます。ボックス要素かインライン要素かは、タグによって既存の定義があり、後からCSSのdisplayプロパティで再定義して、ボックス要素のタグをインライン要素に変えたり、インライン要素のタグをボックス要素に変えたりできます。さらに、**display**プロパティを変更すると、ボックス要素とインライン要素の動きも大きく変わります。

まずは、要素自体に作用するdisplayプロパティ（**表3-4-6**）に指定できる値を見ていきます。

■ 表3-4-6　displayプロパティ値

| プロパティ値 | 内容 |
|---|---|
| block | 要素がボックス要素となり、要素の前後で改行 |
| inline | 要素がインライン要素となり、要素の前後で改行せずに整列（高さ調整不可） |
| inline-block | 要素が完全なボックスのインライン要素となり、要素の前後で改行せずに整列（高さ調整可） |
| none | 要素を非表示 |



**block**と**inline-block**は、要素がmarginやpaddingを含めて指定されたサイズがあれば、そのサイズの完全なボックスとなります。blockを詳しく見ると、blockが指定された要素は、横幅一杯に表示されるボックス要素となり、その前後で改行されます。一方、**inline**や**inline-block**を指定したコンテンツの表示に必要な横幅サイズのインライン要素となり、要素の前後では改行しないため、inlineやinline-block指定の要素が続くと横並びとなります。また、inline-blockは、marginやpaddingなどのコンテンツ周りも考慮した（周りのある）ボックスとして配置されるのに対し、inlineは、コンテンツだけ（周りのない）ボックスとして配置されます。それでは、子の要素に対して適用されるdisplayプロパティ（**表3-4-7**）の値を見てみます。

■ 表3-4-7　displayプロパティ値

| プロパティ値 | 内容 |
|---|---|
| flex | ブロック要素をフレックスボックスモデルでレイアウト |
| inline-flex | インライン要素をフレックスボックスモデルでレイアウト |
| grid | ブロック要素をグリッドモデルでレイアウト |
| inline-grid | インライン要素をグリッドモデルでレイアウト |

フレックスボックスは、横並びとなる要素であれば、横サイズを伸ばして均等となるように調整してくれます。記述と表示の例は、以下のとおりです。

```
<div id="box0">
  <div id="box1" class="box"></div>
  <div id="box2" class="box"></div>
```

```
  <div id="box3" class="box"></div>
</div>
*{margin:0;}
#box0{ display:flex; margin:8px; border:1px solid red;}
#box1{background: cyan;}
#box2{background: yellow;}
#box3{background: pink;}
.box {
  border:1px dashed red;
  margin:2px; width: 100%; height: 16px;
}
```

グリッドモデルは、横または縦に指定個数で分割をして、ボックス要素をその比率の数だけ配置するなどのより細かい指定が可能です。記述と表示の例は、以下のとおりです。

```
<div id="box0">
  <div id="box1" class="box"></div>
  <div id="box2" class="box"></div>
  <div id="box3" class="box"></div>
</div>
*{margin:0;}
#box0{
  display:grid;margin:8px;border:1px solid purple;
  grid-template-columns: 1fr 2fr 1fr;
}
#box1{background: cyan;}
#box2{background: yellow;}
#box3{background: pink;}
#box4{background: orange;}
.box {
  border:1px dashed red;
```

```
  margin:2px;
  height: 16px;
}
```



## 5 レスポンシブなWebデザイン

ホームページを見る端末は、PCからスマートフォンまで多種多様となり、画面のサイズや解像度が環境によってさまざまです。複数のデバイスで同じデザインのページを見たとき、たとえば、PC用のデザインをスマートフォンで見ると文字が小さ過ぎて見にくかったり、逆の場合は、画面が間延びして見えたりしてしまいます。

サイズごとにデザインを作るという方法もありますが、さらに、中間サイズのタブレットなどもあるため、すべてを作り込むのは予算的にも難しくなってきています。そこで、既存のデザインをサイズに合わせて並び替えて対処する、レスポンシブなWebデザインで作る方法が多くなりつつあります。レスポンシブなWebデザインを作るためには、メディアクエリを定義する必要があります。メディアクエリは**@media**で、解像度ごとに、以下のように定義していきます。

```
  margin: 0;
  font-size: .75rem;
@madia (min-width: 768px ){
  body{ display: flex; }
}
```

上記の例で@mediaの**min-width**が768pxと書かれているのは、768ピクセル以上のPC用画面の定義を「{」と「}」の間で指定しています。フレックスボックスモデルを指定すると、横並びとなります。逆に、768ピクセル未満のスマートフォン用の画面としては、@media以外の定義を利用するため、フォントサイズを元の75%にし、枠の外側のゆとりを0でなくしています。

# 第3章　演習問題

**問題1**

CSSの記述をHTMLに適用する方法は何か。次の４つの中から正しい解答を３つ選びなさい。

1. タグの中のstyle属性に直接記述する
2. styleタグの開始タグと終了タグの間に記述する
3. scriptタグで読み込む
4. linkタグで読み込む

解　答 ______

**問題2**

linkタグで外部リソースを指定する属性は何か。次の４つの中から正しい解答を１つ選びなさい。

1. src　　2. href　　3. file　　4. value

解　答 ______

**問題3**

linkタグの記述で望ましい位置はどこか。次の４つの中から正しい解答を１つ選びなさい。

1. bodyタグの後
2. headタグの前
3. headタグの開始タグと終了タグの間
4. headタグの後

解　答 ______

**問題4**

span#ladyというCSSルールの説明として正しい文章はどれか。次の４つの中から正しい解答を２つ選びなさい。

1. spanタグでclass属性がladyのタグを選ぶ
2. spanタグでid属性がladyのタグを選ぶ
3. class属性はHTML内に１つのため#ladyと記述できる
4. id属性はHTML内に１つのため#ladyと記述できる

解　答 ＿＿＿＿＿＿＿＿＿＿＿＿＿＿＿＿＿＿＿＿

**問題5**

CSSでクラス属性がboxのdivタグのみを指定する記述は何か。次の４つの中から正しい解答を１つ選びなさい。

1. div#box　　2. #div　　3. div.box　　4. .box

解　答 ＿＿＿＿＿＿＿＿＿＿＿＿＿＿＿＿＿＿＿＿

**問題6**

下記のCSSルールの説明として、次の４つの中から正しい解答を１つ選びなさい。

```
div#big span.small {…}
```

1. id属性がbig であるdivタグの直属の子でclass属性がsmallであるspanタグだけに適用される
2. id属性がbigであるdivタグの子孫でclass属性がsmallであるspanタグだけに適用される
3. id属性がbigであるdivタグの直属の親でclass属性がsmallであるspanタグだけに適用される
4. id属性がbigであるdivタグのすべての親でclass属性がsmallであるspanタグだけに適用される

解　答 ＿＿＿＿＿＿＿＿＿＿＿＿＿＿＿＿＿＿＿＿

**問題7**

HTMLファイルに次のCSSが適用されていたときpタグ内の文字色は何色か。次の４つの中から正しい解答を１つ選びなさい。

```
p { color: yellow; } p { color: red } p {color: black;} p { color: purple; }
```

1. 黄　2. 赤　3. 黒　4. 紫

解　答 ____________________

**問題8**

CSSでdivタグの幅をビューポートの横幅の約３割とするときの正しい記述は何か。次の４つの中から正しい解答を１つ選びなさい。

1. div { width: 0.3vh; }
2. div { width: 0.3vw; }
3. div { width: 3vw; }
4. div { width: 30vw; }

解　答 ____________________

**問題9**

CSSで緑の半透明を表す記述は何か。次の４つの中から正しい解答を２つ選びなさい。

1. #00FF00
2. #00FF007F
3. rgba( 0, 255, 0, 0.5)
4. rgba( 0, 0, 255, 0.5)

解　答 ____________________

### 問題10

CSSでフォントの指定をするとき、等幅フォント→セリフの付いたフォント→セリフの付かないフォントの順番となる記述は何か。次の４つの中から正しい解答を１つ選びなさい。

1. font-family: monospace, serif, sans-serif;
2. font-family: monospace, sans-serif, serif;
3. font-family: serif, sans-serif, monospace;
4. font-family: sans-serif, serif, monospace;

解　答 ____________________

### 問題11

CSSでolタグに挟まれたliタグの前に付く数字を漢数字の一、二、三、……とする記述は何か。次の４つの中から正しい解答を１つ選びなさい。

1. list-style-type: upper-roman;
2. list-style-type: lower-roman;
3. list-style-type: cjk-decimal;
4. list-style-type: decimal-leading-zero;

解　答 ____________________

### 問題12

CSSでタグの上下のマージンを4pxと左右のマージンを8pxとする記述は何か。次の４つの中から正しい解答を３つ選びなさい。

1. margin: 4px 8px 4px 8px;
2. margin: 4px 8px 4px;
3. margin: 4px 8px;
4. margin: 4px;

解　答 ____________________

### 問題13

CSSでdivタグに点線で灰色の2ピクセルの枠線を描くときの記述は何か。次の4つの中から正しい解答を1つ選びなさい。

1. border: gray 2px;
2. border: gray dashed 2px;
3. border: 2px dotted gray;
4. border: 2px gray dashed;

解　答 ＿＿＿＿＿＿＿＿＿＿＿＿＿＿＿＿

### 問題14

CSSのpositionプロパティのデフォルト（初期状態）の設定は何か。次の4つの中から、正しい解答を1つ選びなさい。

1. sticky　　2. static　　3. absolute　　4. fixed

解　答 ＿＿＿＿＿＿＿＿＿＿＿＿＿＿＿＿

### 問題15

CSSでフローティングしている要素の後のタグに適用してフローティングをしなくなる記述は何か。次の4つの中から正しい解答を1つ選びなさい。

1. float: left;　　2. float: right;　　3. float: both;　　4. clear: both;

解　答 ＿＿＿＿＿＿＿＿＿＿＿＿＿＿＿＿

### 問題16

CSSでpタグのdisplayプロパティのデフォルト（初期状態）の値は何か。次の4つの中から正しい解答を1つ選びなさい。

1. inline　　2. inline-block　　3. block　　4. flex

解　答 ＿＿＿＿＿＿＿＿＿＿＿＿＿＿＿＿

第4章

# JavaScript プログラミング

# 4.1 JavaScriptの実行と構文

## 1 JavaScriptの実行

ホームページやWebシステムの制作に必要な知識として、HTMLやCSSに加えてJavaScriptの割合がだんだんと大きくなってきています。JavaScriptは、Webブラウザ上で動く基本的に唯一のプログラミング言語で、**ECMAScript標準**に準拠したJavaScriptが、ほとんどのWebブラウザで動作可能です。一時、セキュリティ上の問題からJavaScriptの動作を敬遠するユーザが多い時期を経て、HTML4頃のWeb業界（特にGoogleのサービスなど）でしだいに使われたため、今ではなくてはならない機能となりました。

JavaScriptを利用する一番簡単な方法は、HTMLソースの中に直接記述するという方法で、直接JavaScriptを記述するための**scriptタグ**があります。簡単にいうと、scriptタグの開始タグである**<script>**要素から終了タグの**</script>**要素までの間にJavaScriptが直接記述可能です。ただし、HTMLのレンダリング描画が終わらないとJavaScriptから結果などを描画する場所がわからなくなるため、bodyタグの終了タグである**</body>**要素の直前に書く手法が多くなってきています。

記述の例は、以下のとおりです。(※1)

```
<html>
  …
  <body>
    <h1>JavaScriptのサンプル</h1>
    <p></p>
    <script>
        document.querySelector('p').textContent =
                  '「こんにちは世界」を表示するサンプルです。';
    </script>
  </body>
<html>
```

(※1) 左記のプログラムをエディタで入力した場合は、index.htmlという名前で保存し、Windowsで確認するのであれば、ファイルエクスプローラからファイルをWebブラウザへドラッグ＆ドロップする。

表示の例は、以下のとおりです。

これは、pタグの開始タグの<p>要素と終了タグの</p>要素に挟まれたコンテンツを入れる部分に、'**「こんにちは世界」を表示するサンプルです。**'というテキストを代入して、テキストがコンテンツとしてWebブラウザに表示されるサンプルです。Webブラウザは、HTMLソースを上から順番に解釈するため、テキストが表示されるためにはJavaScriptの前にpタグが存在する必要があります。先に、pタグが存在するために、pタグが書かれた後のbodyタグの終了タグである</body>要素の前にスクリプトを記述しています。

サンプルは、大変短くて簡単なソースコードであるのに対し、実際のHTMLのソースコードはより長くなり、JavaScriptのソースコードもより複雑となるでしょう。JavaScriptのソースコードをHTMLのソースコードの中に記述すると、HTMLを何回も書き換える作業が発生するため、HTMLとJavaScriptのソースコードを混合するのは勧められません。

HTMLのソースコードとJavaScriptのソースコードを分離するためには、第3章第1節でCSSをファイル化したときのように、JavaScriptのソースを外部ファイルとして持ち、HTMLのソースからJavaScriptのソースを読み込むのが望ましいです。記述の例は、以下のとおりです。

```
<html>
  …
  <script src="sample.js"></script>
  </body>
</html>
```

上記のサンプルでは、JavaScriptのファイルを指定する**src**属性のみが使われていますが、ほかにもscriptタグで利用可能な属性がいくつかあります（**表4-1-1**）。

第4章 JavaScriptプログラミング

■ 表4-1-1　scriptタグで利用可能な属性

| 属性 | 内容 |
|---|---|
| src | JavaScriptソースファイルのURLを指定 |
| type | ファイルのMIMEタイプを指定（'application/javascript'…JavaScript） |
| async | Webブラウザが**バックグラウンド**(※2)で読み込み |
| defer | asyncに加えてHTML**解釈**が終わってからJavaScriptを実行 |

Webブラウザで実行されるスクリプト言語がJavaScript一択となっている現状では、**type**属性はほぼ省略可能となっています。**async**属性や**defer**属性は、論理属性となるため単独での記述となり、JavaScriptのソースコードの読み込みをバックグラウンドで行うように、Webブラウザへ指示を出します。

細かく見ると、**async**属性を指定すると、JavaScriptのソースの読み込みが終わればHTMLのソースの読み込みがいったん終了して、JavaScriptの実行が終わればHTMLのソースの読み込みが再開されます。一方、**defer**属性を指定すると、HTMLのソースコードの読み込みが終わってからJavaScriptが実行されます。

(※2) **バックグラウンド**
Windowsや Macなどでは複数のプログラムが動いている。その中でウィンドウが一番上に表示されているプログラムは「フォアグラウンドで動作している」と呼ばれる。フォアグラウンドのプログラムの一部分がコピーされて動いた（フォークした）プログラムは、バックグラウンドで動作している。

## 2 JavaScriptの構文

JavaScriptの文法を説明する前に、JavaScriptの記述の基本を見てみましょう。JavaScriptは、ほかのプログラミング言語と同じく、上から下へ解釈され、分岐、繰り返し、関数定義などで使われる「{」と「}」で囲まれた範囲は、1つの独立した領域として解釈されます。

まず、1つ1つの文の書き方から見ていくと、以下のように、1つの文の最後には「;」を入れます。

```
document.querySelector('p').innerHTML='No error log.';
```

そのため、以下のように、1行（複数行にわたっていても改行がないために1行）でも、2つの文が入るときは、「;」が2つ入ります。

```
let str='No error log.'; document.querySelector('p').innerHTML=str;
```

EcmaScriptのバージョンアップに対応して、1行に1文を記述する場合は、「;」を省略可能な新しいWebブラウザもあります。しかし、よりエラーを抑えて人間が見てわかりやすいソースコードを書くためには、「;」をしっかりと記述することをお勧めします。以下は、「;」を書かない、人間の目には多少わかりにくい例です。

```
let str = 'No error log.'⏎
document.querySelector('p').innerHTML=str⏎
```

## 3 JavaScriptへのコメント追加

JavaScriptのコメントは、ほかのプログラミング言語と同じく、/* で始まって */ で終わる書き方や、// で始まってその1行がコメントとなる書き方があります。/*～*/ の書き方は、**交差**したり**多重**に囲んだりはできません。// で複数行をコメントするときは、複数行の先頭に // を記述すれば済みます。記述の例は、以下のとおりです。

```
/*  ←── ここから
  コメント
 */ ←── ここまでコメント
// コメントと  ┐
// なります。  ┘ //から後は行末までコメントが複数行
```

## 4 JavaScriptコンソールへのアクセス

HTMLドキュメントにテキストを出力するのは、相応に手間がかかるため、本項のサンプルプログラムでは、コンソールへ結果を出力していきます。コンソールは、ユーザからは見えないWebブラウザの付録の機能です。コンソールを見るためには、デバッグ機能を使う必要があります。コンソールを開くには、Webブラウザで以下のキーを押してみましょう。(※3)

- Google Chrome(Edge)
  [Ctrl] + [Shift] + j…Windows　　[⌘] + [Opt] + j…Mac
- Firefox
  [Ctrl] + [Shift] + k…Windows　　[⌘] + [Opt] +k…Mac

(※3) 初めてコンソール機能を使用するとき、左記のキー操作でコンソール機能が開かない場合は、Windows版のGoogle Chromeであれば、「⋮」(リーダーアイコン)から「その他のツール(L)」→「デベロッパーツール(D)」を選ぶ必要がある。

第4章 JavaScriptプログラミング

・Safari

[Ctrl] + [Shift] + ?…Windows　　　[⌘] + [Opt] + ?…Mac

表示の例は、以下のとおりです。

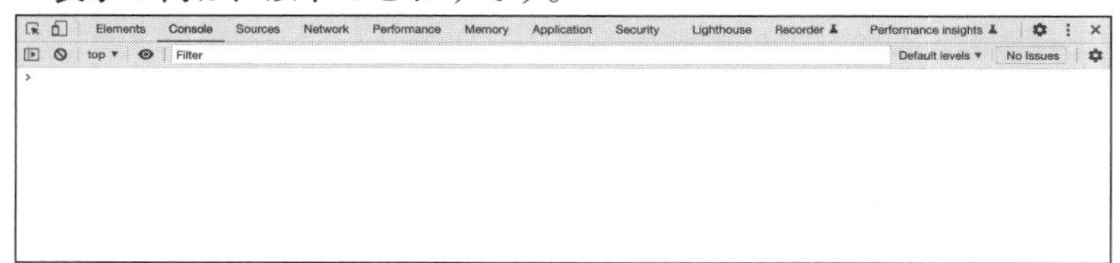


3つのキーを同時に押しにくい人は、1つ目のキーを押して離さずに2つ目のキーを押し、1つ目と2つ目のキーを離さずに3つ目のキーを押して、なるべく素早く3つ目のキーを離すことでも機能を呼び出せます。途中でキーを離したり、3つのキーを押し続けたりすると、思わぬ動作をすることもあるため、もう一度やり直しましょう。WindowsとMacの違いは、ほかのショートカットと同じく、[Ctrl]キーと［⌘］キー（[Cmd]キー）が違うだけの場合が多いです。

## 5 JavaScriptコンソールへの出力

JavaScriptでコンソールが見えるようになったら、後は、プログラムで**console.log()**関数を利用するだけです。第1項で紹介したサンプルプログラムのソースコードを、以下のように修正してコンソールログに出してみましょう。記述の例は、以下のとおりです。

```
<html>
  …
  <body>
    <h1>JavaScriptのサンプル</h1>
    <p></p>
    <script>
console.log('「こんにちは世界」を表示するサンプルです。');
    </script>
  </body>
<html>
```

### コラム JavaScript ライブラリの jQuery

JavaScriptを使うと、第4章第4節で説明しますが、ホームページやWebシステムで必要な機能を簡単に拡張できます。そして、そのクライアント側のプログラミングをするためにはDOMという仕組みの知識が必須です。また、その他に、HTML5以降で拡張されてブラウザに実装された機能や、古くからあるAjaxなどの知識も必要となるでしょう。ただ、素のJavaScriptだけでプログラムを書き続けると、だんだんと面倒になるかもしれません。というのも、JavaScriptで用意された関数は名前が長かったり、統一性がなかったりなどの要因があります。そんな不利な点を回避し、「デザイナー＋ちょっとだけプログラマ」から本格的なプログラマまで、短時間で身に付けやすく、プログラミングで楽ができるライブラリとしてjQueryが広く使われています。

jQueryはHTMLドキュメントの中から目的のタグ（オブジェクト）を少ない手間で探し出し、名前が短い関数でオブジェクトを動的に操作できます。サーバとの連携をするAjax機能や、クリックなどのイベント処理は、定型的に書けたり、少ない文字数で記述できたりします。プログラミング言語の中では比較的低速なJavaScriptでライブラリが使いやすくなってきた理由は、クライアントのPCやスマホの処理能力が高くなったからでしょう。さらに、ネットワークでライブラリをキャッシュするCDNという仕組みも助け、ライブラリがより利用しやすくなっています。JavaScriptでのクライアント・プログラミングを進めるうちに、面倒さを感じたときはぜひともjQueryを試してみてください。

# 4.2 JavaScriptのデータ構造

## 1 変数と定数の定義

JavaScriptなどのプログラミング言語は、計算のための値や表示するためのテキストを、**変数**という入れ物に事前に準備しています。変数同士で計算したり、計算した結果を変数に取っておいたり、最終的に、変数やテキストをつなげて意味のある結果を表示できたりします。この変数は、数値やテキストを収納したり、中身を参照したりできる箱のようなものです。そのほかに、変数に近く、準備のために1回定義したら、参照はできるが後から書き換えられない**定数**という形もあります。変数と定数の定義は**表4-2-1**のとおり、表記の例は表**4-2-1**の下のとおりです。

■表4-2-1　変数と定数の定義例

| 定義 | 内容 |
|---|---|
| var 変数名[,変数名]…; | グローバルな変数の定義 |
| let 変数名 [, 変数名]…; | ローカルな変数の定義 |
| const 定数名[,定数名]…; | 定数の定義 |

```
var route2 = 1.414213562373095;
{
  let str1 = 'Hello World';
  let str2 = "This is a PEN.\n";
  var pi = 3.14156;
  const kg = 1000;
}
```

変数の定義は、varやletを使います。**var**で変数を定義すると、その変数はグローバルな変数となり、いったん定義すればどこでも利用可能です。この利用可能な範囲を**グローバルスコープ**といいます。この例では、varで宣言と初期化をされた**pi**は定義後も、さらに、「}」の外でも使えます。一方、**let**での定義後は、「}」までの間でのみ使えるローカルスコープとなります。

**定数**の定義は**const**を使います。constで定数を定義すると、定数のため、以降では値を変更できず、「{ }」の外では同じ名前でvarやletを使った変数として再定義することも可能です。なお、「 = 」は、右側の値、文字列、式の計算結果を左の変数や定数へ**代入**します。

letやconstで変数や定数を定義した側から**初期化**もでき、変数は定義だけして違う行で代入することも可能です。

古くからある多くのプログラミング言語の変数は、プログラムの先頭で変数の宣言と同時に変数の中に入れるデータ型を定義すると、その後はデータ型を変更できませんでした。しかし、JavaScriptのようなインタプリタ型の言語の多くは、変数そのものを宣言しなくても使えます。このため、変数にはどのような形式のデータでも入れられると同時に、変数へデータを再代入すると新たに代入されたデータ型へと変わる、動的に型が変わる言語となりました。

ただし、宣言なしに初期値を代入して変数を使い始める方式を使い続けると、変数の宣言や初期化を意識しなくなるためか、初期化し忘れた変数を使ってしまってエラーが出ることが多くあります。したがって、最近は、宣言と初期化が推奨されるようになってきました。

変数が持っているデータの型（変数のデータ型）を確認するには、**typeof演算子**が使えます。本項では、変数にデータを代入して変数のデータ型を見てみましょう。なお、「 + 」は、**文字列の連結**をする演算子で、2つのデータの1つでも文字列であれば連結して、最終的にはテキストとなります。変数のデータ型の表記と表示の例は、以下のとおりです。

```
let a = 123; console.log('変数aのデータ型は'+typeof a);
let b = 1.23; console.log('変数bのデータ型は'+typeof b);
let c = 'abc'; console.log('変数cのデータ型は'+typeof c);
let d = 1>2; console.log('変数dのデータ型は'+typeof d);
let e ; console.log('変数eのデータ型は'+typeof e);
let f = Symbol(); console.log('変数fのデータ型は'+typeof f);
```

```
変数aのデータ型はnumber
変数bのデータ型はnumber
変数cのデータ型はstring
変数dのデータ型はboolean
変数eのデータ型はundefined
変数fのデータ型はsymbol
```

## 2 型変換と型強制

Webプログラミングでは、データの受け渡しはテキストとなることが多く、受け取ったテキストデータの整合性を確認し、計算するのであれば、数字の文字列を数値型のデータへ変換してから計算します。インタプリタ型言語であるJavaScriptは、数値や文字列を意識しないで**自動的に変換**することも可能ですが、確認と変換を意識的にしないとエラーとなる可能性もあります。まずは、意識して型変換をする例を見てみましょう。記述と表示の例は、以下のとおりです。

```
const str = '2.2360679774997896';
const num = Number(str) ** 2;
console.log(str+'の2乗は'+num);
```

```
2.2360679774997896の2乗は5.000000000000001                index.html:14
```

**Number( )**関数で、文字列を数値に変換できます。ここで考慮すべき問題となる点は、変数が未定義であったり、変数が定義されていても初期化されていなかったり、変数が「"」(「'」が2つと空白)や数値でなかったりする場合があることです。以下のように、判定式を三項演算子で確認してみましょう。

```
               console.log('str' in window ? '定義済み':'未定義');
let str;       console.log(str===undefined?'未初期化':'初期化済み');
               console.log(str==null?'null':'nullでない');
str='';        console.log(str==''?'空白':'空白でない');
str=null;      console.log(str==null?'null':'nullでない');
str='こんちは';console.log(str===undefined?'未初期化':'初期化済み');
               console.log(isNaN(str)?'数値でない':'数値');
str='12';      console.log(isNaN(str)?'数値でない':'数値');
```

表示の例は、以下のとおりです。

```
Elements  Console  Sources  Network  »
top ▼  Filter  Default levels ▼  No Issues
未定義                    index.html:15
未初期化                  index.html:16
null                      index.html:17
空白                      index.html:18
null                      index.html:19
初期化済み                index.html:20
数値でない                index.html:21
数値                      index.html:22
>
```

三項演算子[※1]の「式?結果1:結果2」は、式を判定して正しければ（trueであれば）結果1が返り、式を判定して正しくなければ（falseであれば）結果2が返るという演算子です。判定に出てくる「'str' in window」は、「strというオブジェクトがWebブラウザで存在するか」、つまり、「str変数が存在するか」を調べています。undefinedは、変数が宣言されているがまだ値が代入されていない状態を調べる関数です。nullは、初期化されていないという状態であるかを意識的に与えるときに、プログラマが設定する値です。NaNは、数値ではない値で、isNaN( )関数は数値でないかを調べる関数です。

JavaScriptでは、気づかないうちに型変換が行われることも多くあります。たとえば、順番は問わず、文字列と数値を＋演算子でつなぐと、数値を文字列に変換して2つの文字列を連結します。しかし、数字の文字列と数値、数字の文字列2つを＋以外の演算子で挟むと、数字は数値に変換されてから2つの数値が演算されます。これは強制的な型変換となりますが、無意識に型変換をするとエラーとなる可能性があります。

このため、実際に文字列を計算してしまいそうなところは、意識的にNumber( )関数で変換したほうがよいでしょう。記述と表示の例は、以下のとおりです。

```
console.log(typeof ("こんにちは"+2));
console.log(typeof (2+"こんにちは"));
console.log(12*"3");
console.log("12"/"3");
```

```
Elements  Console  Sources  Network  »
top ▼  Filter  Default levels ▼  No Issues
string                              index.html:23
string                              index.html:24
36                                  index.html:25
4                                   index.html:26
>
```

（※1）**三項演算子**
通常の演算子は、たとえば＋であれば、演算子の左と右に1つずつ、2つの項がある。これに対して、三項演算子は、？と：を組み合わせ、左項・中項・右項の3つの項が使われる。

## 3 連想配列

変数は、1つの変数に1つの値や文字列しか代入できません。このため、多くのデータを扱いたいときに、変数だけで取り扱うと、データの管理も変数名の管理も大変となってしまいます。

プログラミング言語で複数のデータ管理に重宝する機能が、**配列**です。JavaScriptにも配列があり、複数のデータを1つの配列で管理できます。記述と表示の例は、以下のとおりです。

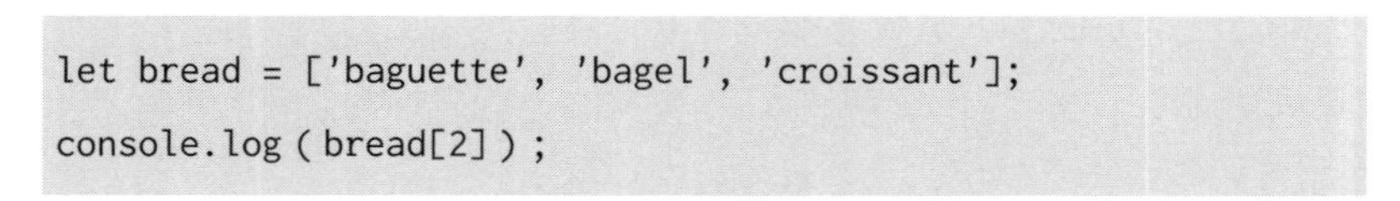

```
let bread = ['baguette', 'bagel', 'croissant'];
console.log ( bread[2] ) ;
```

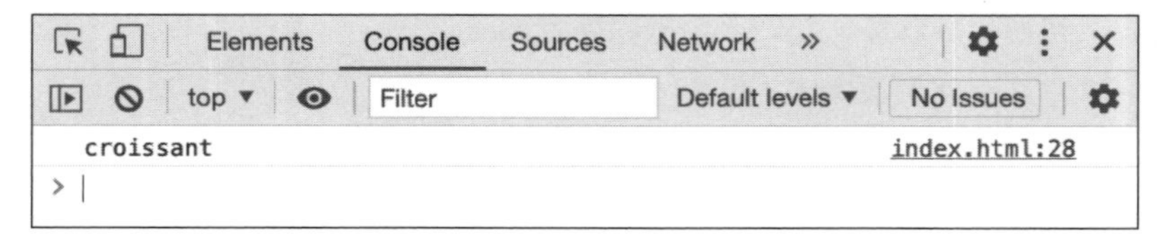


配列の定義は、変数に配列データを代入すると配列になります。配列のデータは、「**[**」で始まって「**]**」で終わり、データを **,** で区切って並べるだけです。できた配列にアクセスするには、配列名の後に「**[**」と「**]**」と書き、「**[**」と「**]**」の中には配列の何番目かの数値を表す**インデックス**を記述します。インデックスは、数字の代わりに変数でもよく、配列の何番目かを数えるときに、最初の項目から**0 1 2**…となり、１２３の順ではありません。以下で、配列データの定義をいくつか見てみましょう。

```
let bread2 = ['baguette', 3, 'bagel', , 'croissant',2 ];
console.log(bread2[5]);
console.log(bread2[3]===undefined?'未初期化':'初期化済み');
```

表示の例は、以下のとおりです。

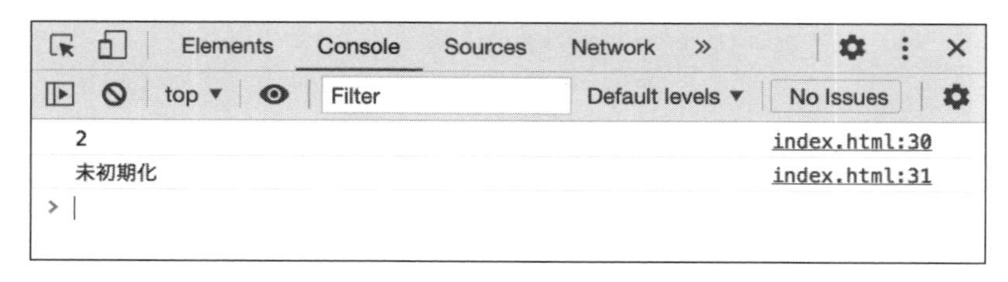


配列データは、同じ型のデータだけではなく、さまざまな型のデータを配置できます。また、配列データの途中で「**,,**」と「**,**」が2つ続く箇所は、データがない場所となるため、注意が必要です。データがない場所をアクセスすると**undefined**となり、エラーとなって止まります。

以下に、データの更新と追加などを見てみましょう。

```
let bread3 = ['baguette', 3, 'bagel', , 'croissant',2 ];
bread3[0] = 'sandwich';
console.log(bread3[0]);
bread3.push('doughnut',7);
console.log(bread3[6]);
```

表示の例は、以下のとおりです。

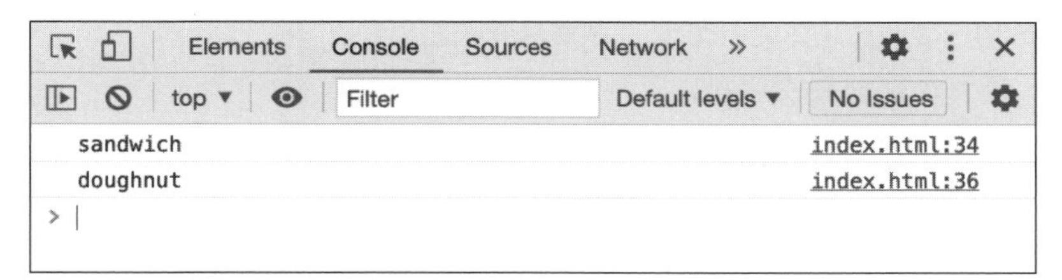


配列の更新は、配列の参照と同じく、配列名の後に「 [ 」と「 ] 」を続け、「 [ 」と「 ] 」の中にインデックスを指定したものに、文字列や数値を代入するだけです。配列の後に新しいデータを追加するには、配列名に.push()を付けて、「 ( 」と「 ) 」の間に追加したいデータを記述します。追加データは、1つでも複数でも可能です。逆に、最後のデータを取り出すには、配列名の後に.pop()を付けます。ただし、pop( ) でデータを取り出すと、そのデータは配列から削除されます。

配列は、複数のデータ型を一緒に並べられるため、名簿のような複雑なデータを複数組み置いて管理できるのですが、操作が少し複雑になり、プログラムの間違いを引き起こす可能性があります。複雑なデータは、連想配列という以下のような形式で管理ができます。

```
let member1 ={name:'山田太郎', age:19};
let member2 ={name:'エル日駒', age:18};
let members = [member1,member2];
console.log(member1.name);
members[1].age = 17;
console.log(members[1].age);
```

表示の例は、以下のとおりです。

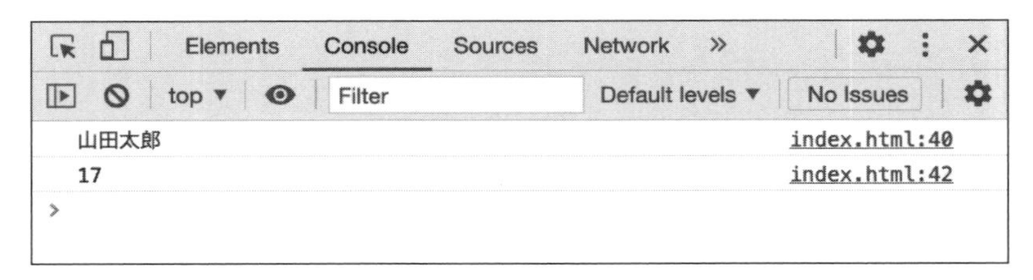


連想配列は、変数の定義と同じく、連想配列名を定義してから連想配列を代入します。代入する連想配列は、「{」と「}」の間に**プロパティ**と**値**の組みを「:」で区切って記述するだけです。プロパティと値の組みを複数セット書く場合の区切り文字は、「,」です。さらに、連想配列は、配列に入れたり、連想配列の値に配列や連想配列を入れたりすることもできます。ここで連想配列の値を参照するには、連想配列名に続けて「.」と**プロパティ**を指定します。連想配列の値を変更するには、連想配列名に続けて「.」とプロパティをつなげた値を代入します。

## 4 演算子

これまでに演算子として、代入の「=」や、文字列の連結の+を利用してきました。プログラムではよく**四則演算**（+ - * /）の記号が使われます。

また、演算子の前と後にある値や変数を、**オペランド（非演算子）**（**表4-2-2**）と呼びます。四則演算の記号は、初学者でも見ればわかりやすく、まずは、四則演算の演算子を中心に確認してみましょう。

■表4-2-2　オペランドの種類

| オペランド | 内容 |
|---|---|
| オペランド1 + オペランド2 | 数値の**加算**、文字列の**連結** |
| オペランド1 - オペランド2 | 数値の**減算**（オペランド1からオペランド2を引く） |
| オペランド1 * オペランド2 | 数値の**乗算** |
| オペランド1 / オペランド2 | 数値の除算の**商**（オペランド1をオペランド2で割った商） |
| オペランド1 % オペランド2 | 数値の除算の**余り**（オペランド1をオペランド2で割った余り） |

| オペランド | 内容 |
|---|---|
| オペランド1 ** オペランド2 | 数値の**累乗**(※2)(n**mはn^m、オペランド1のオペランド2乗) |

(※2) **累乗**
・m>0:$n^m$
・m=0:1
・m<0:$\frac{1}{n^m}$

「+」と「-」は、現実世界の記号と同じなため、問題ないでしょう。これに対し、乗算の「*」は、現実と違いますが、記号の違いを覚えてしまえば問題がないでしょう。除算の商を求める「/」と余りを求める「%」は、現実世界とまったく違います。nのm乗を求める累乗は、$n^m$はプログラムで直接記述できないため、n**mとなります。m>0であれば、nをm回かけた答えで、m=0であれば1、m<0であれば1をnでm回割ります。次に、四則演算と代入の「=」を組み合わせて計算結果を変数へ代入する演算子を見てみます。

■ 表4-2-3　変数とオペランドの演算子

| 演算子 | 内容 |
|---|---|
| 変数 += オペランド | 変数にオペランドを加算して変数へ代入(1つでも文字であれば連結) |
| 変数 -= オペランド | 変数にオペランドを減算して変数へ代入 |
| 変数 *= オペランド | 変数にオペランドを乗算して変数へ代入 |
| 変数 /= オペランド | 変数にオペランドを除算した商を変数へ代入 |
| 変数 %= オペランド | 変数にオペランドを除算した余りを変数へ代入 |
| 変数 **= オペランド | 変数をオペランドを乗算した値を変数に代入 |
| 変数++または++変数 | 変数に1を**加算** |
| 変数--または--変数 | 変数から1を**減算** |

四則演算子と「=」を組み合わせた演算子は、左側に変数が来て、右側にオペランド(一般には式)が来て、変数の値とオペランドを演算子で計算した結果を変数へ代入します。「++」と「--」は、変数を1つプラスまたは1つマイナスする演算子です。変数を前に書くと、諸々の処理が終わった後に変数に1加算または1減算するという演算子です。変数を後に書くと、まず、オペランドに1加算または1減算してから諸々の処理を実行します。

# 4.3 JavaScriptの制御構造と関数

## 1 真偽値

数値の計算をする四則演算ではなく、次項の比較演算子で演算して得られる結果は、**真偽値**（論理値）となります。真偽値としては、正しければ真で**true**となり、正しくなければ偽で**false**となります。真偽値は、分岐の判定や繰り返しの判定などに使われ、trueやfalseを直接書かないことは多いですが、プログラミングでよく使われる重要な値といえます。

## 2 比較演算子

**比較演算子**とは、演算子の両側のオペランド（式や変数）の大小を比較したり、同じか違うかを判定したりできるものです（**表4-3-1**）。(※1) 結果は、前項の真偽値が返されます。比較演算も、分岐のための条件判定や繰り返しの条件判定では必須の演算子です。それでは、比較演算子を見てみましょう。

（※1）2つの条件を「かつ」でつなげるときは「&&」を、2つの条件を「または」でつなげるときは「||」を使う。

**■ 表4-3-1　比較演算子の種類**

| 比較演算子 | 内容 |
| --- | --- |
| オペランド1 > オペランド2 | オペランド1がオペランド2より**大きい**か判定 |
| オペランド1 >= オペランド2 | オペランド1がオペランド2**以上**か判定 |
| オペランド1 < オペランド2 | オペランド1がオペランド2より**小さい**か判定 |
| オペランド1 <= オペランド2 | オペランド1がオペランド2**以下**か判定 |
| オペランド1 == オペランド2 | オペランド1とオペランド2が**同じ**値または文字列かを判定 |
| オペランド1 != オペランド2 | オペランド1とオペランド2が**違う**値または文字列かを判定 |

## 3 厳密な演算子

比較演算子の一致または不一致を比較する演算子は、JavaScriptのゆるい性質上、値と文字列の比較などでは自動的に**型変換**されて型を合わせられてしまうことがあります。たとえば、数値の12と文字列の"12"が同じであると判定されます。数値と文字列は別物としたい場合などは、**表4-3-2**の厳密な演算子の使用が必要です。

■ 表4-3-2　厳密な演算子の種類

| 演算子 | 内容 |
|---|---|
| オペランド1 === オペランド2 | オペランド1とオペランド2がデータ**型も値も一致**か判定 |
| オペランド1 !== オペランド2 | オペランド1とオペランド2がデータ**型または値が不一致**か判定 |

## 4 条件分岐

JavaScriptがHTMLやCSSと大きく違う点は、プログラミング言語の3つの特徴の1つである**分岐**があげられます。分岐をするためには**条件判定**を使い、上から下へ解釈されるプログラムを分岐することでさまざまな結果を得られます。条件判定の分岐のはじめの一歩として、if文を見てみます。

```
if ( 条件式 ){
    実行する文
}
```

**if文**の後の「(」と「)」で囲まれた中に、条件式が入ります。条件式の結果が**true**(真)の場合は、「{」と「}」で囲まれた中の文を実行します。「{」と「}」の間に挟まれれた文が1つだけの場合は、「{」と「}」を省略することも可能です。しかし、人間が見てわかりやすくする(可読性を上げる)には、「{」と「}」を省略しないほうが望ましいです。

以下に、if文を拡張するelse文を見てみましょう。

```
if ( 条件式 ){
```

第4章 JavaScriptプログラミング

```
    実行する文1
} else {
    実行する文2
}
```

if文では、条件に合ったときだけ違う処理を実行できたのに対して、**else文**を加えると、条件に合ったときと条件に合わないとき、それぞれで違う処理が実行できます。if文とelse文でも実行する文が1つの場合は、「{」と「}」を省略可能です。

以下に、条件を加えられるelse if文を見てみましょう。

```
if ( 条件式1 ){
    実行する文1
} else if (条件式2) {
    実行する文2
        ⋮
} else {
    実行する文
}
```

**else if文**を使うと、より多くの場合分けができるようになります。[※2] else if文は、必要なだけelse if文を追加できます。不要な場合は、else文を書かないことも可能です。else if文もif文やelse文と同じく、実行する文が1つだけの場合は、「{」と「}」を省略できます。

if文とelse if文とelse文を使うと、多くの場合分けができますが、判定する条件式の値を使って場合分けしたいときは、switch文を使うとスマートな場合分けができます。

以下に、switch文を見てみましょう。

```
switch(条件式){
    case 値または文字列1 :
        実行する文1
        break;
        ⋮
    default :
        実行する文
```

(※2) else ifはelseifと続けても記述可能

```
        ⋮
}
```

**switch文**は、条件式の結果のtrueまたはfalseで分岐するのではなく、caseと：の間に記述した値または文字列と条件式の結果が同じであれば、指定の文を実行します。条件式といっても、多くの場合は、変数を指定することが多いです。文または複数の文を実行したら、必ず**break文**を入れましょう。break文を入れないと、以降の条件の後に書いてある文をすべて実行するため、思わぬ結果となってしまいます。elseのようにどの条件にも当てはまらない場合は、**default:**以降の文または複数の文を実行します。

## 5 ループ

プログラミング言語の3つの特徴の1つとして、**繰り返し**があります。繰り返しは、人間であれば不可能なくらい同じことを繰り返して実行できるのがコンピュータの特徴ともいえます。まず、シンプルなfor文を見てみましょう。記述の例は、以下のとおりです。

```
for( 初期化 ; 条件式 ; 条件更新 ){
   実行する文
}
```

一番簡単なfor文は、**for文**の中で繰り返す回数や繰り返す条件を提示する形となります。for文の後の「**(**」と「**)**」の間に「；」(セミコロン) で区切って、変数などの**初期化**と、繰り返しの条件となる**判定式**と、変数などの増減の**条件更新**が並び、「**{**」と「**}**」の間に実行する文を記述します。

初期化では、カウンタとなる変数などを初期化します。判定式では、変数が条件に合うか判定し、条件に合えば文を実行し、条件が合わなければ繰り返しを止めてforループを終了します。繰り返すごとに、変数などを増減する更新の処理をしてから、再び判定へと進みます。実行する文は、複数行を記述でき、実行の文が1行のときは、「{」と「}」を省略することも可能です。記述と表記の例は、次ページのとおりです。

```
for(let i = 0; i < 5 ; i++){
  console.log(i);
}
```

上記の例では、変数iが0から4まで変化するため、**5回**、「{」と「}」の間で変数iを表示します。プログラムでは、1から始めるのではなく、0から始めるとプログラムらしいです。なぜなら、配列のインデックス を扱うときなど0から始まることが多いからです。for文は、0,1,2,…や0,2,4,…のように1つ1つ数えながら特定の回数だけ繰り返す作業での使用が多いです。そして、初期化の後に、まず判定するため、1回も実行しないで終わることもできます。

以下に、条件に合わせて処理を繰り返すwhile文を見てみましょう。

```
while(条件式){
   実行文
}
```

**while文**は、前に条件判定をして、条件式の結果の値が**true**（真）の間は実行文を繰り返し実行します。for文と違い、初期化を記述するところがないため、事前に変数を初期化するか、その場で取得した結果を条件に使うこともあります。記述と表記の例は、以下のとおりです。

```
let num;
while((num=Math.random())<0.5){
  console.log(num);
}
```

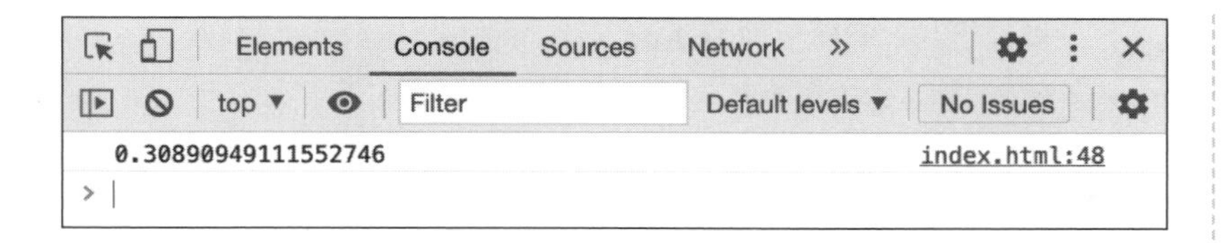


上記の例では、**Mathオブジェクト**の**random()**メソッドを呼び出して作成した**乱数**（0～1未満）をnum変数へ代入しつつ、0.5より小さい場合は、コンソールにnum変数を表示しています。while文は、ファイルからデータを読み込むなど、その都度で変化する値に応じて処理をする場合などに使われることが多いです。

以下に、配列などの要素を繰り返し取り出すfor…ofを見てみましょう。

```
for(変数宣言 of 配列や連想配列){
  実行文
}
```

for…ofは、配列や連想配列から1つずつ要素を取り出して変数へ代入し、「{」と「}」の間の実行文を処理します。配列や連想配列から取り出す要素がなくなると、「}」の後へ進み終了です。記述と表記の例は、以下のとおりです。

```
const books = ['こころ','坊ちゃん','三四郎'];
for(const title of books){
  console.log(title);
}
```

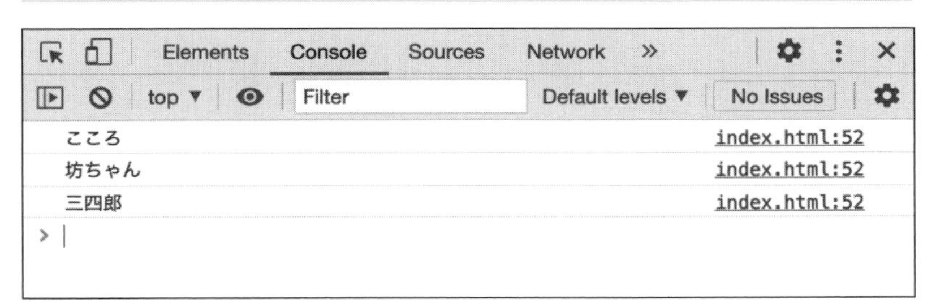


上記の例では、最初に**配列の定数**であるbooksを初期化しています。for…ofでbooks配列から取り出した要素をtitle定数に代入し、「{」と「}」の間のconsole.log( )を使ってtitle変数を表示します。

実行する文が1行の場合は、「{」と「}」を省略可能です。

加えて、**break文**と**continue文**を確認しておきましょう。for文、while文、for…of文などのループの中に、ループが重なって入ることも多くあります。break文は、ループの繰り返しから強制的に抜け出せます。break文で抜け出せるのは、一番近くのループだけとなります。一方、continue文は、ループの途中からループの開始へ強制的に戻ってループの続きを進めます。記述と表記の例は、以下のとおりです。

```
for(let i=0;i<5;i++){
  if(i%2==0){continue;}
  console.log(i);
  if(i%3==0)break;
}
```

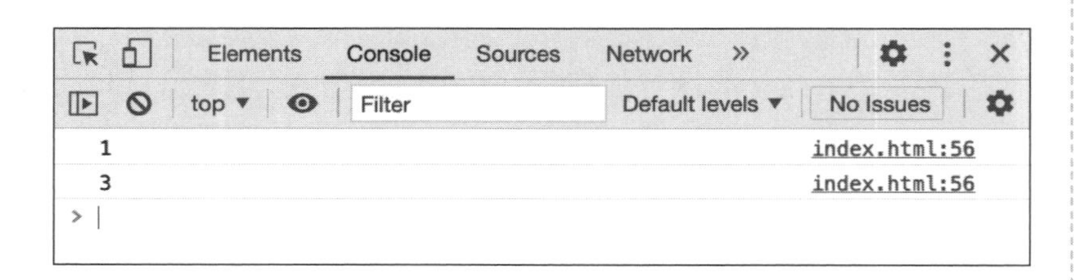


上記の例では、0から5までの5回の繰り返しの間に、2の倍数であればループの先頭へ戻り評価をし、変数iの値を表示し、3の倍数であればfor文から抜け出します。そのため、0と2のときは、continueで何もせずに繰り返しを続け、3行目にたどり着けるのは、変数iが1と3のときだけとなり、変数iが3のときはforのループを終了します。

## 6 独自関数の定義

プログラミングを進めると、同じような処理をさまざまな場所で繰り返し書くこととなるでしょう。繰り返し書かれる処理は、関数というかたまりとして定義し、関数を何度でも簡単に呼び出すと効率がよくなります。

以下に、独自の関数を定義する**function文**を見てみます。

```
function 関数名(引数,引数,…){
  実行文
```

```
    …
    return 戻り値;
}
```

または

```
関数名 = function(引数,引数,…){
    実行文
    …
    return 戻り値;
}
```

2つの書き方は、ともに機能は同じで、引数があり、戻り値を戻す関数を定義しています。function文で始まる書き方は、呼び出す前に定義しても、呼び出す後に定義してもかまいません。一方、変数に関数のオブジェクトを代入する方法の定義は、定義を呼び出す前に書いて定義していないと、呼び出したときにエラーとなります。(※3)

**return文**の後の戻り値には配列も返せるため、複数の値を返せます。記述と表記の例は、以下のとおりです。

(※3) 別ファイルに定義されている関数を呼び出し、ファイルが読み込まれていないとき、Uncaught Reference Errorというエラーが出る。

```
console.log ( multiple ( 2,3 )) ;
function multiple ( num1, num2 ) {
    return num1*num2;
}
```

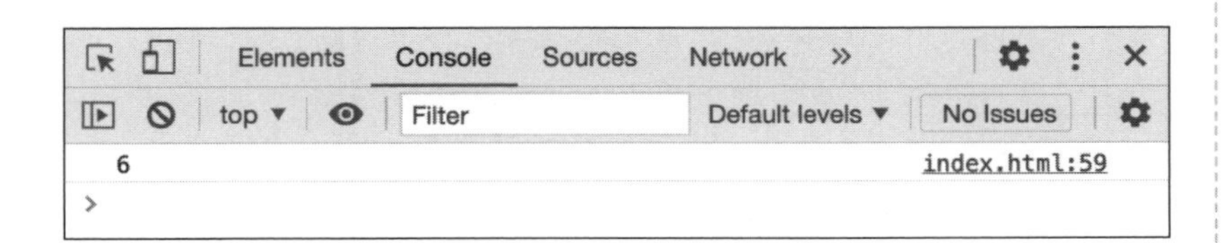


上記の例では、後で定義したmultiple( )関数を最初に呼び出しています。関数の定義では、引数が2つあり、呼び出しでは2つの値を渡し、呼び出された関数は2つの値を受け取り、2つの値である2と3を渡し、2つの値を掛け算した結果を、return文で関数の呼び出し元へ返しています。戻り値は、呼び出した1行目のconsole.log( )関数の引数となります。

なお、return文が書かれていない関数を呼び出し、戻り値を受け取る場合は、undefined が返ります。

# 4.4 Webサイトのコンテンツとスタイリングの JavaScript 操作

## 1 DOMの概念と構造

ホームページを構成するHTMLとCSSに戻ると、Webブラウザは、HTMLやCSSをJavaScriptから操作させるための**DOM**(Document Object Model)という仕組みを提供しています。JavaScriptは、そのDOMを使ってHTMLやCSSを動的に書き換えることが可能です。

それでは、これまでに説明したJavaScriptの文法を活用してDOMをアクセスし、HTMLやCSSを動的に変更する具体的な方法を見ていきましょう。

■ 図4-4-1　DOMの例

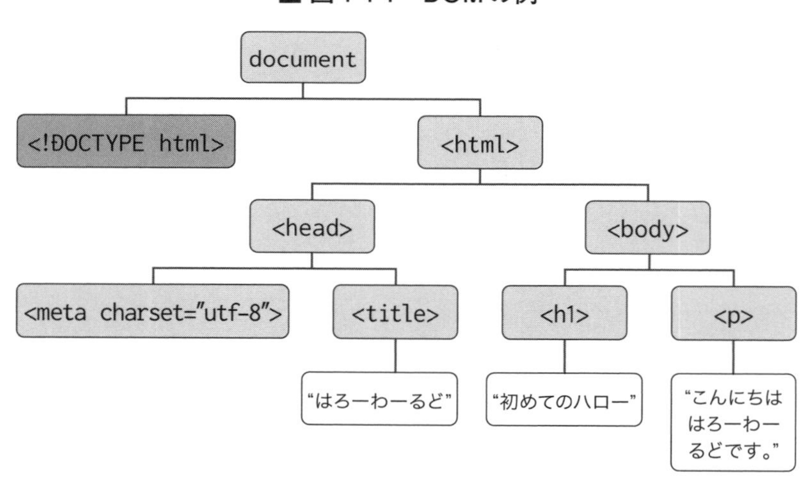


## 2 DOM経由の変更

DOMを使うとき、タグ名やidの定義やclassの定義を利用して目的のHTMLタグにアクセスできます。まずは、HTMLドキュメント内でユニーク(同じ名前は2つとない)の**id名**を使ったアクセス方法を見てみましょう。

```
document.getElementById('id名');
```

**getElementById()メソッド**は、documentオブジェクト経由でタグをアクセスするメソッドです。HTMLのタグの中にid属性を定義でき、id属性に定義された名前は、ユニークとする必要があるため、getElementById( )メソッドを使うと、必ず1つのオブジェクトを取り出せます。実際に、getElementById( )メソッドで<body>タグを書き換えるには、以下のように記述します。

```
<body id="main"><p>こんにちは</p></body>
<script>
const body = document.getElementById('main');
console.log(body.innerHTML);
</script>
```

表示の例は、以下のとおりです。

上記の例では、id名にmainと定義されているタグを探してbody定数へ代入しておき、bodyタグのinnerHTMLである「<p>こんにちは</p>」を取り出してコンソールに表示しています。

次は、**クラス名**を使ったタグへのアクセスを見てみましょう。

```
document.getElementsByClassName('class名')
```

**getElementsByClassName( )メソッド**は、documentオブジェクト経由でアクセスするメソッドです。HTMLタグの中にはclass属性を定義でき、class属性に定義された名前は、複数となることもあるため、getElementsByClassName( )メソッドを使って複数のオブジェクトを取り出せます。実際に、getElementsByClassName( )メソッドでpタグを書き換えるには、以下のように記述します。

```
<body><p class="content"></p>
      <p class="content"></p></body>
<script>
const p = document.getElementsByClassName('content');
p[0].innerHTML = 'あいうえお';
p[1].innerHTML = 'かきくけこ';
</script>
```

表示の例は、以下のとおりです。

```
あいうえお
かきくけこ
```

上記の例では、classにcontentが指定されているタグを探し、**2つ**のpタグが配列の定数pに入ります。次に、**0番目**（最初）のpタグで囲まれた中にテキストの **'あいうえお'** を代入し、最後に、**1番目**（次）のpタグで囲まれた中にテキストの **'かきくけこ'** を代入します。2つあるpタグには、それぞれ 'あいうえお' と 'かきくけこ' が代入され、Webブラウザに表示されます。

次は、**タグ名**でタグをアクセスする方法を見てみましょう。

```
document.getElementsByTagName('タグ名')
```

**getElementsByTagName()** メソッドは、documentオブジェクト経由でアクセスするメソッドです。HTMLタグ名でオブジェクトを検索するため、getElementsByTagName( )メソッドで複数のオブジェクトが取り出せます。実際に、getElementsByTagName( )メソッドでimgタグを探すには、以下のように記述します。(※1)

(※1) **setAttribute()：** タグオブジェクトの属性を設定する関数

```
<body><img src="heart.png"><img src="heart.png"></body>
<script>
const img = document.getElementsByTagName('img');
img[0].setAttribute('src','heart90.png');
```

```
img[1].setAttribute('src','traeh.png');
</script>
```

上記の例では、imgタグを探し、2つのimgタグが配列の定数imgに入ります。次に、0番目（最初）のimgタグのsrc属性をheart90.png（90°回転したハートの画像）に書き換え、最後に1番目（次）のimgタグのsrc属性をtraeh.png（ハートが反転した画像）に書き換えています。2つのimgタグには、最初、普通のハートの画像が指定されていますが、JavaScriptの動作した後では、それぞれ回転したハートが代入され、Webブラウザに表示されます。

最後に、CSSで使うセレクタを使うオブジェクト検索を見てみましょう。

```
document.querySelector ( 'CSSセレクタ' )
document.querySelectorAll ( 'CSSセレクタ' )
```

上記の2つのメソッドは、CSSの定義時に使う書き方のCSSセレクタでタグを探します。**querySelector( )メソッド**は、最初に見つかった1つのタグだけを返します。**querySelectorAll( )メソッド**は、当てはまるすべてのタグを返すため、戻り値は配列です。見つからない場合は、**null**が返ります。CSSセレクタは、**タグ名**はタグ名のまま、**id名**は**#**を付けて#id名、**class名**は「**.**」を付けて.class名となり、3つの書き方を組み合わせて、CSSセレクタを指定します。

実際に、querySelector( )メソッドとquerySelectorAll( )メソッドでimgタグを操作するには、次ページのように記述します。

```
<body class="img">
  <img src="heart.png" class="gazo">
  <img src="heart.png" class="img">
  <img src="heart.png" class="gazo">
  <img src="heart.png" class="img">
</body>
<script>
  const img2 = document.querySelector('img.img');
  const imgs = document.querySelectorAll('img.gazo,img.img');
  img2.setAttribute('src','traeh45.png');
  imgs[0].setAttribute('src','heart15.png');
  imgs[2].setAttribute('src','heart30.png');
</script>
```

上記の例では、imgタグとクラス名を探します。詳しく見ると、最初に、クラス名がimgである**2つ目**のimgタグを定数img2に代入し、次に、gazoクラス名とimgクラス名の合計4つのimgタグを配列の定数imgsに代入します。img2定数を経由して、2つ目のimgタグの**src**属性にtraeh45.png（時計の軸と逆に45°回転したハートの画像）を代入しています。imgs定数配列の0番目と2番目を経由して、**1つ目**と**3つ目**のimgタグのsrc属性に代入する画像のファイル名は、heart15.pngとheart30.pngです。

(※2) **removeAttribute():**
オブジェクトの属性を削除する関数。属性がないときはエラーが発生しないで終る。

## 3 スタイリングの変更

documentオブジェクトからid名やclass名やタグ名を使って探し出したタグのオブジェクトは、属性を設定・取り除きすることで、HTMLを動的に操作できます。HTML以外にCSSを操作するのも、JavaScriptの大きな役割となってきています。JavaScriptからCSSを操作するために、style属性を使う方法もありますが、より簡単な方法として、CSSでclass名のセレクタとして定義しておき、class名を着脱すると、負担も少なくCSSを簡単に操作できます。実際に、class名でCSSを定義するには、以下のように記述します。

```
<style>
  .box{width:100px; height:100px;}
  .green {background-color:green;}
</style>
  <div class="box b1"></div>
<script>
 document.querySelector('div.b1').classList.add('green');
</script>
```

表示の例は、以下のとおりです。

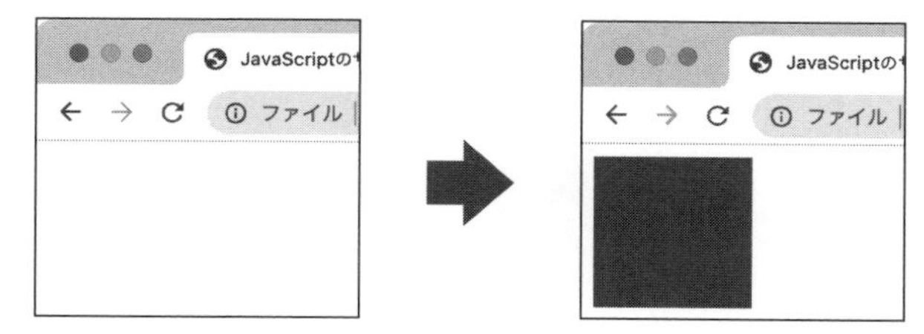


上記の例では、CSSのclass名として.boxと.greenを定義し、.boxはサイズ指定、.greenは背景色を緑としています。表示されるdivタグのclass属性には、boxとb1が書かれています。スクリプトでは、class名がb1のdivタグを探して、**classList**（※3）に**add()**メソッドでgreenを追加しています。最終的に表示されるdivタグが、100px × 100pxの緑色のボックスとなります。

さらに、同類のクラスを取り除く関数を見てみましょう。記述と表示の例は、以下のとおりです。

```
<style>
  .box{width:100px; height:100px;}
  .green {background-color:green;}
</style>
  <div class="box green"></div>
<script>
 document.querySelector('div.green').classList.remove('green');
</script>
```

（※3） **classList**
Element.classListでElement（オブジェクト）に設定されているクラス一覧を参照でき、classListのメソッド（add()やremove()）で追加・削除ができる。

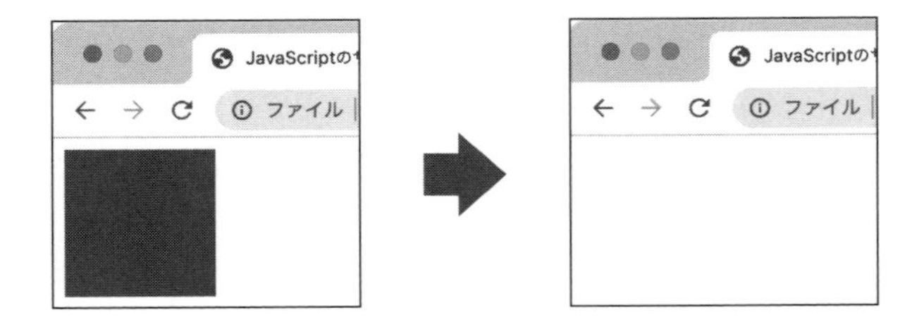


上記の例では、あらかじめdivタグのclass属性にgreenを入れておき、**classListのremove()メソッド**でclass属性にあったgreenを取り除くと、色をなくしています。

もう1つclassListを使った例として、値の着脱を見てみましょう。記述と表示の例は、以下のとおりです。

```
<style>
  .box{width:100px;border:dashed 1px gray;}
  .display{display:none;}
</style>
<body>
  <div class="box display">あいうえお</div>
  <div class="box">かきくけこ</div>
  <div class="box display">さしすせそ</div>
<script>
  const divs=document.querySelectorAll('div.box');
  for(const div of divs){
    div.classList.toggle('display');
  </script>
```

あいうえお
さしすせそ

上記の例では、CSSの定義で.boxと.displayを作り、.boxは枠線を点線で描き、.displayはdisplayプロパティを非表示のnoneと定義しています。JavaScriptでは、class名がboxのdivタグをすべて探し出し、class属性にdisplayが入っている場合は取り除き、displayが入っていない場合は入れる**classListのtoggle( )メソッド**を呼び出しています。

classListを使ってclass属性の値の着脱よりも細かくCSSの操作を

したい場合は、探し出したタグオブジェクトのstyle属性を使うとより簡単に操作できます。

次に、styleを経由したCSSの操作を見てみましょう。記述と表示の例は、以下のとおりです。

```
<body></body>
<script>
const body = document.querySelector('body');
body.style.backgroundImage = "url(lpi_logo.jpg)";
</script>
```

上記の例では、bodyタグを取り出してbody定数に代入し、body定数の**style**の背景イメージをlpi_logo.jpgとしています。このとき、CSSのセレクタの**background-image**が「-」（ハイフン）でつながれており、「-」はマイナス演算子となるため、JavaScriptでそのまま書くとエラーとなってしまいます。CSSセレクタが「-」を含む場合は、「-」を取り除いてつながる1文字目を大文字にする記述方法、プログラミング言語のJavaでも変数の命名に使われているキャメルケース記法(※4)を使います。前述のbackground-imageの「-」を取り除き、続くimageの先頭のiをIとし、**backgroundImage**となります。

以下に、もう少し例を見てみます。

```
<p><span class="red">あいうえお</span>
   <span class="blue">かきくけこ</span>
   <span class="red">さしすせそ</span></p>
```

**(※4) キャメルケース記法**
英単語をつなげて変数などを作るときに、区切りがわからなくなるため、つながる単語の1文字目を大文字にする。このとき、ラクダ（camel）のコブのような形になることから付いた名称。

```
<script>
const reds = document.querySelectorAll('span.red');
reds[0].style.color = 'blue';
reds[1].style.color = 'red';
```

表示の例は、以下のとおりです。

| あいうえお かきくけこ さしすせそ |
|---|

上記の例では、class名がredのspanタグ、つまり、複数（2つ）のspanタグを取り出してreds定数に代入します。reds定数配列の0番目はcolorを青にし、1番目はcolorを赤にしています。このように、個別にCSSを設定していきます。

## 4 JavaScript関数のトリガー

JavaScriptを使うと動的なページを作れ、ユーザの操作により**動くアプリ**のようなページも作れます。

最後に、HTMLタグからJavaScriptプログラムを呼び出す方法を見ていきます。HTML タグからJavaScriptプログラムを呼び出すには、タグで発生する**イベント**についての記述を追加します。HTMLタグには、イベントに対応する**onClick**属性や**onMouseOver**属性や**onMouseOut**属性などがあります。記述の例は、以下のとおりです。

```
  <input type="button" name="purple" value="紫"
    onclick="button(this);">
  <input type="button" name="limegreen" value="緑"
    onclick="button(this);">
<script>
  function button(name) {
    const body = document.querySelector('body');
    body.style.backgroundColor = name.name;
  }
</script>
```

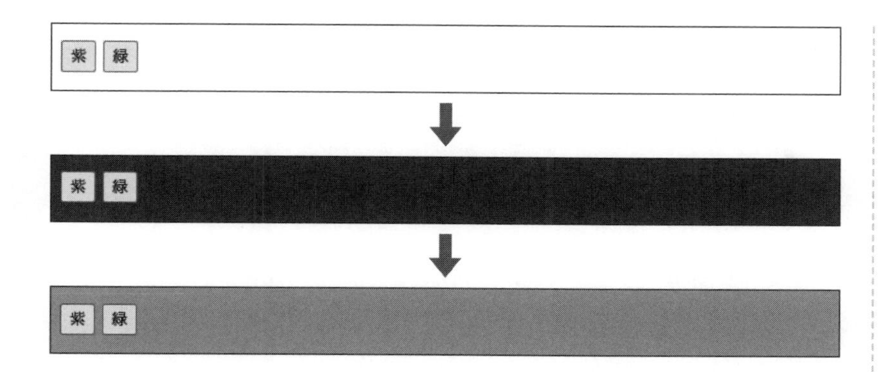


上記の例では、各**input**タグで作られたボタンの**クリック**時に実行されれる**onClick**属性に、JavaScriptのbutton( ) 関数を呼び出す指定を記述しています。button( ) 関数の引数としてクリックされたタグオブジェクト自身を表す**this**を渡しています。

一方、button( ) 関数では、まず、bodyタグを見つけてbody定数に代入します。次に、渡されたボタンのname属性の値をbodyオブジェクトのCSSのbackground-colorに設定します。このとき、CSSのbackground-colorの記述はstyle.backgroundColorとなります。また、inputタグのname属性の値は、色の名前が付けてあるため、bodyの背景色がそれぞれの色になります。

onClickはクリックされたときに呼び出されるのに対し、**onMouseOver**はマウスがタグの領域内で動くときに発生し、**onMouseOut**はマウスがタグの領域から外れたときに発生します。

**問題1**

JavaScriptをHTMLで利用する方法は何か。次の4つの中から正しい解答を2つ選びなさい。

1. scriptタグで読み込む
2. linkタグで読み込む
3. タグの中のstyle属性に直接記述する
4. scriptタグの開始タグと終了タグの間に記述する

解　答 ＿＿＿＿＿＿＿＿＿＿＿＿＿＿＿＿

**問題2**

JavaScriptをHTMLのscriptタグで読み込むとき、ファイルの名前を指定する属性は何か。次の4つの中から正しい解答を1つ選びなさい。

1. async属性
2. defer属性
3. src属性
4. type属性

解　答 ＿＿＿＿＿＿＿＿＿＿＿＿＿＿＿＿

**問題3**

JavaScriptの記述で有効な文は何か。次の4つの中から正しい解答を2つ選びなさい。

1. console.log('はろー'); console.log('わーるど')
2. console.log('はろー') console.log('わーるど');
3. console.log('はろー') console.log('わーるど'); //
4. console.log('はろー') // console.log('わーるど');

解　答 ＿＿＿＿＿＿＿＿＿＿＿＿＿＿＿＿

**問題4**

JavaScriptでhello変数を定義して「わーるど」という文字列を代入する文は何か。次の4つの中から正しい解答を2つ選びなさい。

1. const hello = 'わーるど';
2. let hello = 'わーるど';
3. var hello = 'わーるど';
4. var hello = わーるど;

解　答 ____________________

**問題5**

下記のJavaScriptで表示される結果は何か。次の4つの中から正しい解答を1つ選びなさい。

```
let str = "Globalぽい変数"; str = "Globalな変数？";
{
  let str = "Localな変数"; str = "Localの変数";
}
console.log(str);
```

1. Globalぽい変数
2. Globalな変数？
3. Localな変数
4. Localの変数

解　答 ____________________

## 問題6

JavaScriptで変数varの値を3分の1にする記述は何か。次の4つの中から正しい解答を2つ選びなさい。

1. var = var / 3;
2. var = var % 3;
3. var /= 3;
4. var %= 3;

解　答 ____________________

## 問題7

JavaScriptでreturn文がない関数からの戻り値は何か。次の4つの中から正しい解答を1つ選びなさい。

1. boolean
2. undefined
3. NaN
4. null

解　答 ____________________

## 問題8

JavaScriptの配列の定義で正しい記述は何か。次の4つの中から正しい解答を1つ選びなさい。

1. let data = 'ぱん', 'ごはん', 'スープ', 'デザート';
2. let data = { 'ぱん', 'ごはん', 'スープ', 'デザート' };
3. let data = ( 'ぱん', 'ごはん', 'スープ', 'デザート' );
4. let data = [ 'ぱん', 'ごはん', 'スープ', 'デザート' ];

解　答 ____________________

**問題9**

下記のJavaScriptで表示される結果は何か。次の４つの中から正しい解答を１つ選びなさい。

```
const temporary = 1 + 2 + '〜' + 3 + 4 +'文字';
console.log(temporary);
```

1. 12〜7文字
2. 12〜34文字
3. 3〜7文字
4. 3〜34文字

解　答 ______________________________

**問題10**

JavaScriptで下記の文の意味は何か。次の４つの中から正しい解答を１つ選びなさい。

```
variable < 0 || 100 < variable
```

1. 変数 variable は 0 未満 または 100 以上
2. 変数 variable は 0 未満 または 100 より大きい
3. 変数 variable は 0 未満 かつ 100 以上
4. 変数 variable は 0 以上 かつ 100 未満

解　答 ______________________________

**問題11**

下記のJavaScriptのプログラムブロックで「なんだこれは」は何回表示されるか。次の4つの中から正しい解答を1つ選びなさい。

```
for(let i=0;i<10;i++){
  if(i == 5) { break; }
  console.log('なんだこれは');
}
```

1. 10
2. 6
3. 5
4. 無限回

解　答 ____________________

**問題12**

JavaScriptで関数を利用する意味は何か。次の4つの中から正しい解答を2つ選びなさい。

1. コードを再利用できる
2. コードを複雑に見せられる
3. コードが分散して、コードのダウンロード時間が長くなる
4. コードが小さくなるため、コードのダウンロード時間が短くなる

解　答 ____________________

## 問題13

JavaScriptでdocument.querySelector()メソッドにどのような引数を与えれば<input name="text">を探せるか。次の4つの中から正しい解答を1つ選びなさい。

1. 'name="text"'
2. 'input="text"'
3. 'input.name="text"'
4. 'input[name="text"]'

解　答

## 問題14

JavaScriptでid属性がerr-msgのコンテンツに「エラーです。」という文字列を設定する文は何か。次の4つの中から正しい解答を1つ選びなさい。

1. document.getElementById('err-msg').innerHTML = 'エラーです。';
2. document.getElementById('err-msg').outerHTML = 'エラーです。';
3. document.getElementById('err-msg').HTML = 'エラーです。';
4. document.getElementById('err-msg').html = 'エラーです。';

解　答

## 問題15

JavaScriptで下記の文の意味は何か。次の4つの中から正しい解答を1つ選びなさい。

```
const divs = document.querySelectorAll('.box');
for(const i in divs){ divs[i].classList.replace("red", "green"); }
```

1. id属性がboxのタグを探して、class属性にredがあったらgreenへ変更する
2. class属性がboxのタグを探して、class属性にredがあったらgreenへ変更する
3. name属性がboxのタグを探して、class属性にredがあったらgreenへ変更する
4. for属性がboxのタグを探して、class属性にredがあったらgreenへ変更する

解　答

## 問題16

下記のHTMLタグで表示されるボタンを押すと実行される内容は何か。次の4つの中から正しい解答を1つ選びなさい。

```
<button onClick="document.querySelector('body').innerHTML=''">ボタン</button>
```

1. 画面が初期状態の表示に戻る
2. 画面がクリアされて何も表示されない
3. ボタンが初期化されて元の表示に戻る
4. ボタンがクリアされてボタン内のテキストが表示されない

解 答 ______________________

# 第5章

# Node.js サーバプログラミング

# 5.1 Node.jsの基礎

## 1 フロントエンドとバックエンド

Node.jsは、JavaScriptを利用します。jsはJavaScriptの略称です。皆さんは、第4章までJavaScriptを学習してきましたが、その役割はブラウザ上に変化を与えることでした。

本章で学習するNode.jsは、同じJavaScriptを利用しますが、少し違います。一番大きな違いは、「動作する場所が違う」ということです。具体的に確認してみましょう。

●図5-1-1　フロントエンドとバックエンド

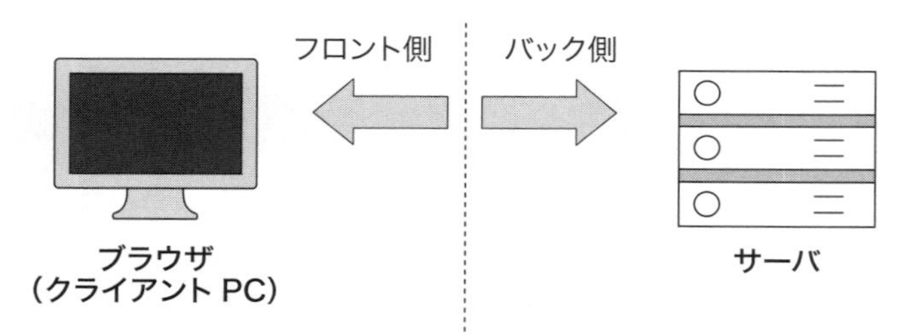


JavaScriptの利用は、**図5-1-1**の左側のブラウザで動作しましたが、Node.jsの利用は、右側のサーバで動作します。

一般的に、ブラウザで動作する機能の総称を**フロントエンド**と呼びます。逆に、右側のサーバ側で動作する機能を**バックエンド**と呼びます。ちょうどインターネットを境に、クライアント側をフロント（＝前側）、サーバ側をバック（＝後ろ側）と区別しています。

フロント側は、JavaScriptを例に出しましたが、求められる技術は、ほかにCSSやHTMLがあります。それらを駆使して、画面上に効果を与えたり、より優れたUI（※1）を提供したりするエンジニアのことをフロントエンドエンジニアと呼びます。

一方、バックエンド側は処理が大変です。データベースやファイル、必要とあればほかのWebサービスにアクセスして、必要な情報を処理します。集まった情報は、フロント側に送信します。プログラ

（※1）UI
User Interfaceの略称。ここでは、画面の操作性についてのことを意味する。

ムを作成するエンジニアのことを**バックエンドエンジニア**と呼びます。

本節では、Node.jsというJavaScriptを用いたアプリケーションサーバについて解説しますが、一般的に、ここにはさまざまなバックエンド技術や環境(※2)が存在します。

フロントエンドはブラウザ側で動作するため、クライアントのPCやスマートフォンのCPUを利用します。逆にバックエンドはサーバ側で動作するため、サーバのCPUを利用します。利用するCPUからも、フロントエンドとバックエンドの違いが判断できます。

**(※2) さまざまなバックエンド技術や環境**
Javaのサーブレットコンテナをはじめとして、Python、Rubyなどで動作するバックエンドの環境も存在する。Microsoft社の製品ではActive Server Pagesなどが用意されている。

## 2 アプリケーションサーバ

前項にアプリケーションサーバという言葉が出てきました。アプリケーションサーバとは、どういったものでしょうか？

前項の説明のとおり、サーバ側は、要求に対してさまざまな処理を行います。そのサーバでは、プログラムが実行環境の上で動作します。

サーバにリクエストが到達すると、そのリクエストに合わせたプログラムを起動するタイプの処理方法があります。確かに実行環境ごと起動する方法は便利ですが、コンピュータに対して非常に負荷がかかります。

アプリケーションサーバの特徴は、**常駐型**であることです。常にアプリケーションサーバは動作していて、サーバプログラムが常駐しています。ただし、何もリクエストがない間は、サーバプログラムも何もしていません。

サーバプログラムにリクエストが到達すると、その**リクエストに合わせたサーバプログラムが動作**します。そして、サーバプログラムの処理が終わると、また、「何もしていない」状態になります。

アプリケーションサーバは、前述の「リクエストに応じて実行環境を動作させると、負荷がかかる」という状況を解決しています。逆に、マイナス面もあり、**アプリケーションサーバプログラムに変更が発生すると、アプリケーションサーバを止めて入れ直し、再度起動**させるという手間がかかります。

## 3 Node.js

Node.jsは、JavaScriptの実行環境の1つです。2009年に最初のバージョンがリリースされました。JavaScriptで書かれたプログラムを読み込ませることで、そのプログラムを実行できます。

### （1）ライブラリ

プログラムをするうえで、非常に助けになり、また、その充実度でプラットフォームの発展が変わってくるのが、ライブラリです。プログラムのライブラリとは、簡単には「お助けツール」「便利ツール」といったところです。1から機能を作り上げなくても、すでにほかの誰かが作り上げた「便利ツール」を用いることで、自分が作り上げたいプログラムをより素早く完成できます。

Node.jsには、NPM（※3）という世界最大のソフトウエアリポジトリが存在し、そこにあるライブラリを取り寄せて利用できます。リポジトリとは、さまざまなファイルを集めた場所です。本節ではNode.jsのライブラリを示しましたが、ほかの言語のライブラリや、Linuxのソフトウエア群を集めたサービスもリポジトリと呼びます。

（※3）**NPM**
Node Package Managerの略称。「お助けツール」でライブラリを登録してあるリポジトリ。なお、次項でnpmという小文字の名称も出てくるが、npmはNPMからライブラリを取り寄せるためのコマンドを指す。

### （2）モジュール

Node.jsおよびNPMでは、**ライブラリの単位**をモジュールと呼んでいます。モジュールは、自分で作成したプログラムから呼び出して利用するだけでなく、モジュール自体が別のモジュールを呼び出すこともあります。

モジュールは、ひとかたまりで機能を実現していることから、パッケージと呼ばれることもあります。Node.jsおよびNPMでは、モジュールとパッケージの区別は、特に厳密にあるわけではなく、同じような意味で利用されています。

本節では、モジュール群およびリポジトリのことをNPM（大文字）と記述しました。小文字でnpmと記述する場合もありますが、次項で出てくるコマンドのnpmと区別するために大文字にしました。

## 4 Node.jsを構成するプログラム

### (1) Node.jsの配布

Node.jsのプログラムは、Nod.jsのWebサイト（**図5-1-2**）から配布されています。プラットフォームも、Windows、macOS、Linuxなどさまざまな環境に対応しています。

● 図5-1-2　Node.jsからのダウンロード

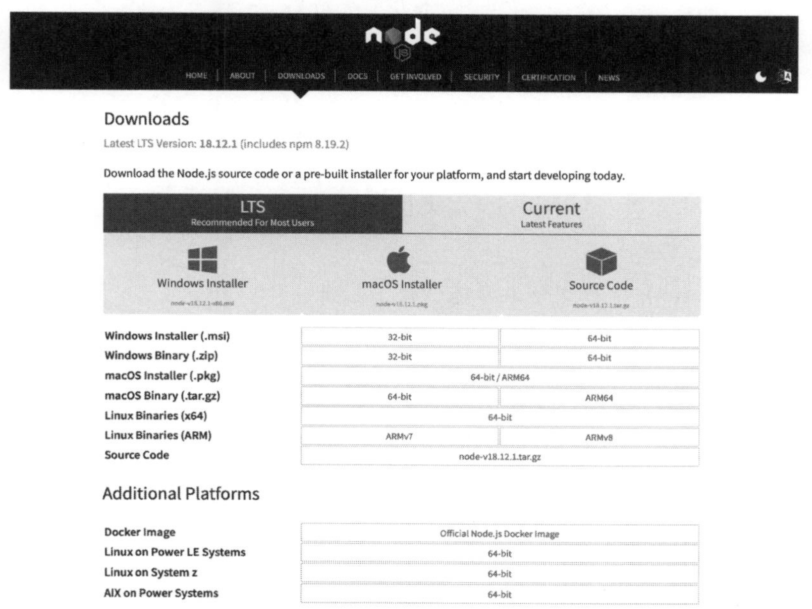


（※）出典：Node.js（https://nodejs.org/en/）

### (2) LTSの宣言

Node.jsは、通常のリリースのほかにLTSの方式も採用しています。LTSとは、Long Term Supportの略称で、長期のサポートを意味します。

ソフトウエアの発展は、新機能の追加とその不具合対応の繰り返しです。新機能の追加は、利用者にとって一見ありがたいものです。しかし、新機能よりも安定を重視した利用や、その環境を提供する側の都合では、新機能による更新（バージョンアップ）が頻繁に起きると、環境が安定せず扱いにくいことになります。また、対象バージョンの不具合への対応やサポートが打ち切られてしまうと、それも困った状況になります。

LTSは、あらかじめ特定のバージョンをLTSであると宣言することで、そのバージョンのサポートが長期であることが保証されるため、利用者側に大きなメリットがあります。Windowsでは、Windows10がLTSであることが宣言されています。また、Linuxでは、Ubuntuというディストリビューションで、西暦で偶数年の4月リリースのバージョンがLTSであると決まっています。

### （3）重要なプログラム

Node.jsで配布されているプログラムで、重要なプログラムにnodeとnpmの2つがあります。以下、その2つを紹介します。

#### ①node

Node.jsの本体のプログラムです。このプログラムに、JavaScriptで書かれたプログラムを読み込ませることで、JavaScriptが実行されます。

通常は、プログラムを実行して、nodeプログラム自体は終了します。しかし、モジュールによっては、動き続けるプログラムも存在します。そのときは、nodeのプログラムは、常駐型のプログラムとして動作し続けます。

#### ②npm

Node Package Managerの略称を由来とするコマンドです。文字どおり、Node.jsのパッケージの管理を行う目的で利用されます。そのほか、パッケージの構築（ビルド）などを行います。以下、主なnpmコマンドのサブコマンドを紹介します。

**1）npm install パッケージ名**

パッケージ名で指定したパッケージをインストールします。

- **-save**：インストールしたパッケージの依存情報をpackage.json（次項参照）に保存します。
- **-g**：システム領域にパッケージをインストールします。システム領域にインストールすると、別環境からもそのパッケージをインストールできます。
- **パッケージ名@a.b.c**：バージョンa.b.cのパッケージをインストールできます。a.b.cのバージョン指定がない場合は、そのパッケージの最新版がインストールされます。

### 2）npm uninstall パッケージ名

パッケージを削除（アンインストール）します。同じ働きをするサブコマンドも存在します。種類は、以下のとおりです。

- npm remove パッケージ名
- npm rm パッケージ名
- npm r パッケージ名
- npm un パッケージ名
- npm unlink パッケージ名

### 3）npm init

パッケージの初期設定ファイルを作成します。実際に入力すると、以下のような応答を行います。

```
% npm init ↵
This utility will walk you through creating a package.json
    file.
It only covers the most common items, and tries to guess
    sensible defaults.

See `npm help init` for definitive documentation on these
    fields
and exactly what they do.

Use `npm install <pkg>` afterwards to install a package and
save it as a dependency in the package.json file.

Press ^C at any time to quit.
package name: (wde02) ↵
version: (1.0.0) ↵
description: ↵
entry point: (index.js) ↵
test command: ↵
git repository: ↵
keywords: ↵
author: ↵
license: (ISC) ↵
About to write to /xxx/xxx/xxx/xxx/WDE02/package.json: ↵
```

```
{
  "name": "wde02",
  "version": "1.0.0",
  "description": "",
  "main": "index.js",
  "scripts": {
    "test": "echo \"Error: no test specified\" && exit 1"
  },
  "author": "",
  "license": "ISC"
}
Is this OK? (yes) y ↵
```

package nameとして、パッケージ名を求められます。(※4) Webブラウザの役割そのほか、パッケージに関する情報が求められます。最後に、設定内容を出力するpackage.jsonファイルの内容が出力され、確認を求められます。

(※4) WDE02というディレクトリで作成したため、wde02というパッケージ名を提案され、そのままエンターキーで了承した。

**4）npm list**

npmが管理しているモジュールの一覧を表示します。

## 5 npmの設定ファイル

前項で、package.jsonというファイルが出てきました。これは、npmの設定ファイルです。npmでパッケージを構築する際に、package.jsonを参照します。

package.jsonのファイルは、拡張子のとおりJSON形式で記述されています。利用目的はさまざまですが、1つはパッケージのビルドです。

npm installを実行すると、package.jsonの内容に従って、そのパッケージのビルドをし始めます。単体で動くものはもちろんのこと、そのパッケージが**別のパッケージを必要とする場合は、それを取り寄せ**ます。どのようなパッケージを必要とするかは、package.jsonに記述します。

package.jsonに記述されている内容の主な構成要素は、次ページのとおりです。

### ①name（必須）

パッケージの名前を記述します。

### ②version（必須）

パッケージのバージョンを指定します。

### ③description

パッケージについての説明を記述します。

### ④main

パッケージで最初に呼び出されるモジュールおよびプログラムファイルを記述します。

### ⑤dependencies

このパッケージが依存する別のパッケージを記述します。

### ⑥devDependencies

開発環境やテスト環境で必要になるパッケージを記述します。

### ⑦node_modules/パッケージの格納先

先に、パッケージのビルドに別のパッケージが必要になることがあると述べました。依存しているパッケージの取り寄せはnpmコマンドが行いますが、取り寄せたパッケージを保存しておく必要があります。

node_modulesは、その依存しているパッケージを保存するディレクトリです。利用するパッケージにもよりますが、瞬く間に数十〜数百を超えるパッケージが集まることがあります。格納している**ストレージの空き容量を注視しながらの利用**が必要です。

## 6 簡単なプログラミング

本項では、Node.jsで動く簡単なプログラミングをしてみましょう。2つサンプルプログラムを用意しました。

### (1) HelloWorld

画面出力を行う、簡単なプログラムです。helloworld.jsというファイルを用意します。中身は1行だけです。

```
console.log("Hello World!");
```

用意したプログラムを実行します。

```
 % node helloworld.js
Hello World!
```

console.logは、コンソール上に出力を行う命令です。ブラウザ上でJavaScriptが動作する際も、動作確認の出力としてよく使われます。

### (2) HelloWorld2

画面出力に加えて、簡単な制御文を加えました。for文は繰り返しを行い、if文は条件判定を行います。helloworld2.jsというファイルを用意します。中身は以下のとおりです。

```
console.log("Hello World");

for (let counter = 0; counter < 5; counter++) {
    if (counter == 2){
        console.log("This is Number 2");
    } else {
        console.log(counter);
    }
}
```

用意したプログラムを実行します。

```
 % node helloworld2.js
Hello World
0
1
This is Number 2
3
4
```

プログラムの実行としては、"Hello World" と出力します。そして、for文で、counterが0から4までをループします。if文で、その

counterが2のときだけ "This is Number 2" と出力するように設定しています。



### コラム 人気上昇中のNode.js

本節で説明しているNode.jsですが、IT業界で非常に人気が上がってきていて、利用者も増えているようです。一番多い利用目的は「プロトタイプ」で、手軽に素早く動くものを作ることを目的として用いられています。

「百聞は一見にしかず」という言葉があります。ユーザに何度も説明するより、動くものをいったん見せるほうが早いのです。しかし、動くようになるまで時間がかかるようでは、せっかくのチャンスを逃してしまいます。そういった意味では、本文中で紹介した「部品」の「モジュール」や「パッケージ」は強力な味方になります。

試作を素早く済ませられるということは、ビジネスでは非常に重要な成功要因になります。そして、改めて製作の段階になるまでに、大量アクセスに対するスケールや機能拡張を考慮して、最終プラットフォームを決めればいいわけです。Node.jsのエンジニアのニーズが急速に高まり、人材不足の状況になるかもしれません。

# 5.2 Expressの基礎

## 1 Express.js

一般的に多くのWebサイトでは、サービスの提供時にWebアプリケーションを提供しています。Webアプリケーションは、動的なホームページを作成してサービスを提供しますが、その作成をより効率的に行うために、Webアプリケーションの実行環境を利用することが多くあります。第1節第2項でアプリケーションサーバについて説明しましたが、本節ではWebアプリケーションに特化していることから、**Webアプリケーションサーバ**と呼びます。

Node.jsは、第1節第3項で述べたとおり、JavaScriptの実行環境ですが、設定によってはWebアプリケーションサーバとして利用できます。もちろん、1からのプログラミングもできますが、一般的には、すでに存在しているパッケージを利用します。有名なものとしては、Expressというパッケージが存在します。本節では、Expressの利用法を学習しましょう。

### (1) Expressのインストール

実際にExpressをインストールしてみましょう。

```
mkdir wde03
cd wde03
npm init
npm install express
```

Expressに、必要なパッケージがインストールされます。また、「このパッケージ（wde03）はExpressを利用する」という設定が、package.jsonに記述されます。

### (2) Expressのプログラミング

次ページの内容を、wde03.jsというファイル名で保存します。

```
const express = require('express')
const app = express()
const port = 3000

app.get('/', (req, res) => {
 res.send("Hello World!")
})

app.listen(port, () => {
  console.log('Example app listening on port ${port}')
})
```

### (3) Expressのプログラムの起動

以下のコマンドで、Node.jsを起動します。

```
% node wde03.js
```

"Example app listening on port 3000 "と出力されます。

ブラウザでhttp://localhost:3000" にアクセスしてください。

"Hello World" と出力されたら正常に動作しています。

### (4) Expressの仕組み

Expressは、Node.js上でモジュールを読み込みます（require('express')）。express( )というメソッドが使えるようになるので、express( )を実行し、**Expressの本体を作成**します（app）。appは、ExpressによるWebアプリケーションサーバの本体です。

listenメソッドで、**使用するポートと起動時のメッセージを指定**します。

wde03では、3000/TCPを開き、console.log( )のメソッドで出力しています。

### (5) HTTPのメソッド

HTTPには、いくつかメソッドが存在します。本節では、**GETメソッドとPOSTメソッド**について、Expressを応答させる方法を紹介します。

Expressでは、URIの末尾部分に対応したプログラミングを行います。この方式をルーティングといいます。

wde03では、app.get( "/", (req, res) => {...} というルーティングをしています。これは、「/（＝URLのトップ）にGETメソッドでアクセスがあった場合は、{...} の部分を実行するように」という意味です。この方式は、Webアプリケーションのプログラミングだけでなく、WebAPI/RESTful APIのプログラムにも利用可能です。

POSTメソッドも同じように、app.post( )を利用してプログラミングできます。

## （6）リクエストとレスポンス

HTTPでは、リクエストとレスポンスが存在します。ブラウザでアクセスしたり、Formをsubmit（送信）したりすると、リクエストが送られます。リクエストには**パラメータ**が存在し、それをWebアプリケーション側に引き渡します。

Expressでのリクエストパラメータは、app.get( "/", (req, res) => {...} のreqオブジェクトに含まれています。

GETメソッドでは、URIにkey-valueで値を含める**クエリパラメータ**の方式（/hello?name=okada）と、URIに直接値を埋め込む**パスパラメータ**の方式（/hello/:name）が存在します。それぞれ、req.query.nameというオブジェクトと、req.params.nameというオブジェクトでアクセスが可能です。

POSTメソッドでは、リクエストパラメータをHTTP/POSTリクエストのボディ部分にデータを記述します。単純な値の場合もありますが、JSON形式で引き渡される場合もあります。このデータの解析を行うため、解析専用のパッケージを利用すると便利です。そのパッケージが**body-parser**であり、以下の方法でインストールします。

```
npm install body-parser
```

body-parserの利用方法は、以下のとおりです。

```
const express = require('express')
const bodyParser = require( 'body-parser' )
```

```
const app = express()
const port = 3000
app.use(bodyParser.json)        // リクエストボディがJSONデータである場合
app.post('/', (req, res) => {
  res.send('Hello World!')
})

app.listen(port, () => {
  console.log(`Example app listening on port ${port}`)
})
```

レスポンスのオブジェクト（res）は、レスポンスの方法やオブジェクトを付加できます。**表5-2-1**に、代表的なメソッドを紹介します。

**■表5-2-1　代表的なメソッド**

| メソッド | 内容 |
| --- | --- |
| res.send() | さまざまなタイプのレスポンスを返す。 |
| res.render() | テンプレートをレンダリングしてレスポンスを返す。 |
| res.json() | JSONデータをレスポンスで返す。 |
| res.sendFile() | ファイルを送信する。 |

レスポンスは、レスポンスヘッダとレスポンスボディに分かれています。レスポンスヘッダは、通信に関する内容、レスポンスボディはレスポンスの内容を含んでいます。.render()メソッドのようにレンダリングする場合は、ブラウザが理解できるHTMLなどの形式が含まれています。また、.json()メソッドの場合は、内容がJSON形式になっており、主にデータのやり取りに用いられ、WebAPI/RESTfulでのやり取りでの便利な方式です。

### （7）入力値評価

GETメソッドやPOSTメソッドで渡された値が、想定のとおりであったかどうか、確認する必要があります。

たとえば、メールアドレスを渡されたとき、「@」（アットマーク）が存在しないデータであったのならば、それは間違いでしょう。また、ドメインも含まれるため、「.」（ピリオド）も1つ以上含まれるはずです。

日本の携帯電話番号だったらどうでしょうか？　原則、070、080、090で始まる11桁の数値のはずです。「 - 」（ハイフン）や「 ( ) 」（括弧）が含まれる場合もありますが、数値が11桁以外や、数値、ハイフン、括弧以外の文字が含まれていたら間違いです。

渡されたデータが想定していたデータかどうか確認することを、入力値評価といいます。入力値評価を行うときによく用いられるのが、**正規表現**(※1)です。正規表現は、試験範囲ではないため割愛しますが、理解すると強力なスキルです。さらに、言語での**文字列比較**のメソッドも使えます。

入力値評価が使えない場合も存在します。たとえば、感想やコメントといった自由文、氏名などの入力です。これらは定型文が存在しないため、入力値評価はできません。

Formによっては、**チェックボックス**や**セレクトボックス**の値を受け取る場合もありますが、これらも入力値評価が必要です。送信側で固定しているから問題ないのではと思うかもしれませんが、HTTPの通信で偽装できるため、入力値評価を行わないと危険です。

入力値評価を行わないと、最悪の場合、**セキュリティインシデント**が発生します。セキュリティ上の問題は、次項（**2**）のXSS、CSRF、第3節第5項のSQLインジェクションを参考にしてください。

（※1）**正規表現**
入力パターンの中から指定されたパターンと同じものを検索するという、パターンマッチングを行う際に用いられる「表現」。たとえば、本文中の「11桁の数字の文字列」は、言葉では表現できるがコンピュータに伝える際の表現が存在しない。その表現の文法としてまとめたものが正規表現である。

## 2 EJS

### （1）テンプレートエンジン

皆さんが、PCを購入するきっかけになったことは何でしょうか？仕事や学校で利用するから、趣味で使用したいからなど、さまざまかと思います。

2000年頃の情報ですが、1年で一番PCが売れるのは、11月下旬から12月にかけてだそうです。プリンタと組み合わせて、年賀状印刷を目的に買うことが多くあったそうです。

第1節（**5**）で、Expressの応答として、自分でHTMLのデータを作成する方法や、ファイルをそのまま返す方法を説明しました。しかし、Node.js上で何かの処理を行い、結果ごとに応答が変わる場合、そのたびにHTMLのデータを組み立てるのでは、非常に不便です。

何とか完成したとしても、のちの仕様変更や機能追加で、再度ロジックを解析し、問題のない動作をするか確認する必要があります。

さらに、そのHTMLデータにCSSやJavaScriptが加わったら、構築するのにもメンテナンスするのにも非常に手間がかかります。

こういった不便や手間を改善するために用いられるのが、テンプレートエンジンです。ここでは、EJS（**Embedded JavaScript templating**）を用います。EJSは、第1節第3項（**1**）で紹介したNPMで提供されています。

テンプレートエンジンは、JavaScript/Node.jsの環境としてEJSを紹介していますが、ほかの言語でも存在します。JavaではVelocityやThymeleaf、PythonではJinja2などです。

テンプレートエンジンの働きは、前述の年賀状印刷の話に非常に関係するところがあります。年賀状をPCで印刷するためには、多くの場合、年賀状ソフトを利用します。年賀状ソフトの役割は、大きく分けて2つあります。表面（住所面）の印刷と裏面の印刷です。

表面の印刷では、ひな形（テンプレート）が決まっています。郵便番号・宛先住所を2つに分けた場合の住所1住所2・宛先氏名・差出人住所・差出人氏名といった具合です。

年賀状ソフトは、別途、住所録（宛先）を管理しています。そして、住所録のデータを読み込み、テンプレートに合わせて出力します。この住所録のデータと宛先のひな形（テンプレート）をマージして（混ぜ合わせて）出力する機能（年賀状ソフト）のことを、テンプレートエンジンと呼びます。

**● 図5-2-1　年賀状ソフト**

データ

| 宛先氏名 | 郵便番号 | 住所1 | 住所2 |
|---|---|---|---|
| 岡田　賢治 | 273-0012 | 千葉県船橋市 | 1-2-3 |
| 川井　義治 | 123-0045 | 東京都・・・ | 2-3-4 |

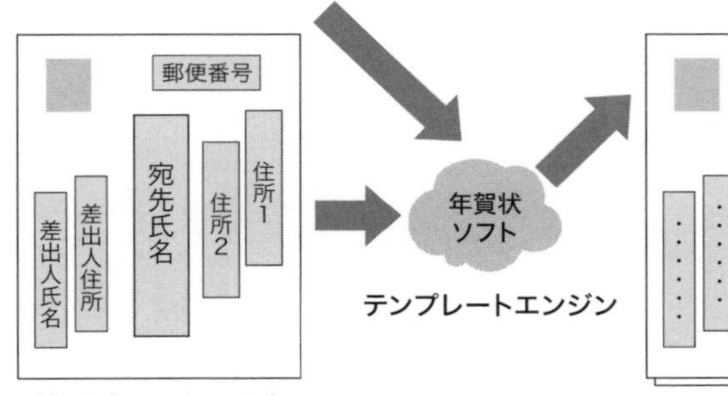


雛形（テンプレート）

テンプレートエンジンを用いて、出力するホームページのテンプレート部分と、出力時に変更されるデータ部分を分割して管理します。

### ①テンプレートエンジンの利点

テンプレートエンジンを用いる利点は、**デザイナーとプログラマの分業が可能、メンテナンス性を上げる**という点です。

ここでいうデザイナーとは、ホームページのデザイナーのことです。ホームページのデザイナーは、HTML、CSS、JavaScriptというフロントエンド側の技術を駆使して、ホームページを作成します。しかし、バックエンド側の技術にまで詳しいデザイナーはあまりいません。

デザイナーがバックエンドを考慮してデザインを進めるのは難しいため、プログラマが一度デザインした内容をバックエンド側に取り込んで作業するとします。そうすると、バックエンド側の負担が増え、メンテナンス性が非常に悪くなってしまいます。

テンプレートエンジンを用いると、テンプレートで必要な簡単な文法を伝えることにより、データを埋め込む部分だけをテンプレートの文法にしておけます。あとは、デザイナーのスキルを最大に活かした作業を行ってもらえます。

また、バックエンド側のプログラマからすると、デザイナーからもらったHTMLのコンテンツを1つ1つバックエンド用に変換する必要がなくなります。そのままテンプレートのファイルを置き換えれば利用できるので、作業量が大幅に減ります。

テンプレートエンジンを用いる利点は、デザイナーにとっても、プログラマにとっても、作業効率の観点から多くあるのです。

### ②テンプレートエンジンejsの使い方

テンプレートエンジンejsは、以下のコマンドでインストールできます。あわせて、特別な役割のあるディレクトリviewsを作成します。

```
npm install ejs
mkdir views
```

このviewsというディレクトリには、テンプレートのファイルを保存します。

そして、ejsで使うファイルですが、まずはテンプレートファイルを以下のように作成します。

**ファイル名**：views/test.ejs:

```
<!DOCTYPE html>
<html lang="ja">
  <head>
    <meta charset="UTF-8" />
    <title>EJS Test</title>
  </head>
  <body>
    <h1>EJS Test</h1>
    <p>EJSのテストページ</p>
    <p>Hello <%= name %></p>
  </body>
</html>
```

次に、Expressのファイルを作成します。例としてtest.jsを作成しました。内容は以下のとおりです。

```
const express = require('express')
const app = express()
const port = 3000

app.set('view engine', 'ejs');

app.get('/:name', (req, res) => {
  res.render('test.ejs', {
    name: req.params.name
  })
});

app.listen(port, () => {
  console.log(`Example app listening on port ${port}`)
})
```

まず、ejsのテンプレートファイルでは、<%= name %>という部分が存在します。これは「テンプレートエンジンで、与えられたパラメータを展開する」という意味です。

次に、Expressのプログラムでは、app.set( 'view engine', 'ejs' )という命令があります。これは「このExpressでは、テンプレートエンジンをejsに設定する」という命令です。ejs以外にもテンプレートエンジンが存在するため、app.set( )ではそれらを切り替えや指定ができます。

そして、app.get( )の部分では、res.render( )でtest.ejsファイルをテンプレートとして展開しています。(※2) これは、EJSがデフォルトでviewsディレクトリを参照するため、views/test.ejsのファイルを参照しています。また、テンプレートを展開したときに、パラメータを渡します。ここでは、nameという名前でreq.params.nameのデータを渡します。req.params.nameはapp.get( )で指定した' /:name' の部分です。したがって、http://locallhost:3000/okadaと入力すると、以下のように表示されます。

```
EJS Test
EJSのテストページ
Hello okada
```

(※2) test.ejsはviewsディレクトリに格納されていることに注意。

もちろん、okadaの部分は任意の文字列に変更することが可能です。

### ③テンプレートエンジンejsの文法

<%= ..... %>を利用して、データを展開する方法を説明しました。ejsは以下のようなこともできます。

- <% ..... %>：この内部に、JavaScriptを記述することにより、JavaScriptを利用できます。
- <%-..... %>：この内部のJavaScriptを、エスケープなしで展開します。
- <%#..... %>：この内部がコメントになり、HTMLの出力に影響を及ぼさなくなります。

## （2）セキュリティ上の問題

### ①XSS

Webの世界では、常にセキュリティの脅威にさらされています。本項では、XSSというセキュリティの問題について説明します。

XSSはクロスサイトスクリプティング（Cross Site Scripting）の略称です。単純にCSSとすると、第3章で学習したCascade Style SheetのCSSと区別がつかないため、クロス=XとしてXSSと呼びます。

XSSは、フロントエンドの機能を利用して攻撃します。多く用いられるのはJavaScriptです。その特徴は、攻撃の実行者が**攻撃者に操られたユーザ**である点です。

皆さんは、フロントエンドのJavaScriptでさまざまなことを行う学習をしました。画面に効果を与えること、ファイルのダウンロードを行うこと、サーバへのリクエストを行うことなどです。これが利用者の意図すること、要求することだったら問題はないのですが、意図せず、あるいは、要求もしていないのに実行されたらどうでしょうか？意図しないサービスへリクエストが送られたり、ウイルスが含まれたファイルがダウンロードされたりしてしまいます。

● 図5-2-2　XSSの仕組み

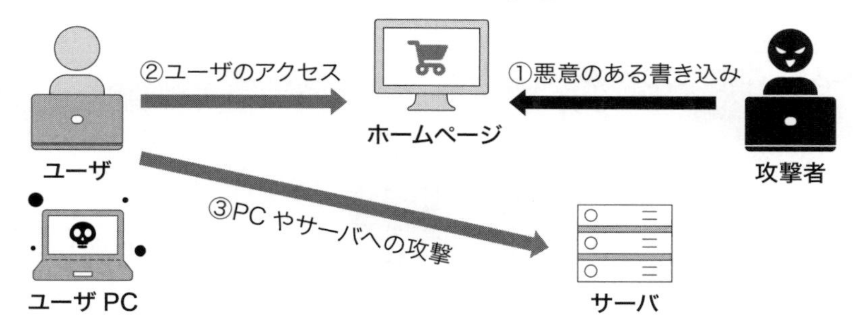


**図5-2-2**のユーザ（図中左）は、ファイルをダウンロードさせられたり、意図しないサーバへリクエストを送ったりしています。それでは、この攻撃を行っているのは誰かというと、ユーザ自身とユーザのPCなのです。

攻撃者（図中右上）は、ホームページやHTML形式のメールに、行いたい内容のJavaScriptを書き込みます。そして、その内容を読んだユーザのPCのブラウザが、JavaScriptを実行します。つまり、この状況では、攻撃をしている人はユーザになるのです。

なぜ、このようなことが起きるかというと、攻撃者が作成したスクリプトを、ユーザが読める環境を作ってしまうからです。たとえば、掲示板で入力内容をそのまま出力したとします。その出力が通常の出力なら問題はないのですが、JavaScriptだとしたら、表示する側は内容をJavaScriptとして認識します。認識したブラウザは、そのJavaScriptを実行します。XSSは、プラットフォームの提供側に問題が発生します。例の場合は、掲示板の提供者ですが、不正なアクセスをされた側には、ユーザのPCのIPアドレスなどの情報が残ります。

XSSのセキュリティ対策については、基本的に防ぐ方法がありません。不正アクセスを行うJavaScriptが記述されたページをロードしたら、実行されてしまうためです。怪しいリンクは開かない、開いてしまったら会社など管理者がいる場合は、即連絡するなどがあげられます。

### ②CSRF

CSRFは、クロスサイトリクエストフォージェリ（Cross Site Request Forgeries）の略称で、不正にリクエストを行います。XSSと同じCrossという単語があるため、XSRFと呼ぶ場合もあります。Forgery（偽造）という単語が含まれているとおり、リクエストの偽造を行います。

●図5-2-3　CSRFの仕組み

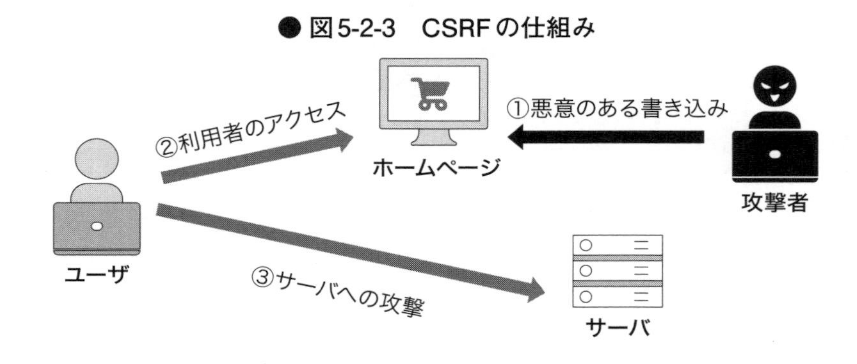


**図5-2-3**は、一見**図5-2-2**のXSSの仕組みと似ています。実際、CSRFのきっかけがXSSということもあります。

XSSと大きく異なるのは、攻撃を受けるサーバの仕組みです。そのほか、攻撃者と実際に攻撃を行っている人（ユーザ）が違っていることなどは同じです。

CSRFの最大の特徴は、**ユーザのアクセス権限を持って、対象のサービスを攻撃する**という点です。CSRFの脆弱（ぜいじゃく）性を持つサービスがあって、ユーザがそのサービスに加入していた場合、ユーザが望んでいないリクエストが行われ、受理されることがあります。

たとえば、あるオンライン銀行に口座を持つ利用者が、日常的にサービスにログインして利用しているとします。そこでオンライン銀行のCSRFを狙ったJavaScriptが書き込まれ、実行されたとします。

このとき、そのオンライン銀行に口座がなければ、リクエストは拒否されます。しかし、そのオンライン銀行に口座を持つユーザの場合、リクエストが受け付けられてしまいます。別の口座への出金のリクエストであったら、財産上の被害が発生します。

この場合、CSRFの脆弱性を持ったオンラインサービス側が責任を問われます。この例では、オンライン銀行側の責任になります。

CSRFは、ウイザード型の画面（※3）の最後のページに直接リクエストし、不正行為をしようとします。

CSRF対策の1つに、「リクエスト元が想定したページの保証」があります。前述の例では、「次へ」「戻る」で遷移（せんい）して「『前の』ページから来たリクエストである」と保証することです。具体的には、遷移前のページに独自発行のタグ・IDなどを仕込んでおき、リクエストを受け取った側でそれを確認します。この方法で、突然、最後のリクエストが送られても、不正なアクセスが検出できます。

**（※3）ウイザード型の画面**
1ページずつ「次へ」「戻る」で処理を実行していく画面。



### コラム 実際のサニタイズ

オープンソースソフトウェアという種類のソフトウェアが存在し、Node.jsやそのモジュール群、PostgreSQL、MySQL/MariaDB、SQLIte3などもオープンソースで提供されています。文字どおり、ソースがオープン（公開）であるため中を見ることができます。SQLについては、次節で詳しく説明します。

Javaで開発をしていた当時、文字列をSQL文のパラメータに入れるときに、setString()という関数を使いました。そこでサニタイズが必要になりますが、「中でサニタイズしてくれているから、setString()を使うべき」という情報があるだけでよくわかりませんでした。

その後、setString()の内部コードを見る機会が得られました。そこには、'→\'の置換が行われているロジックがありました。オープンソースは中が見えるため、その恩恵を受けられることと、疑問に思ったら突き詰めて調べることの重要性を教わりました。

2020年以降、コロナウイルス感染症拡大により、街中でサニタイズを見ることが多くなりました。飲食店やオフィスに入るときに、手に吹きかけるアルコール消毒薬を注意深く見てみてください。どこかに「サニタイザー」の文字が書いてあります。

# 5.3 SQLの基礎

## 1 広義のデータベースと狭義のデータベース

昨今、新聞、インターネットなどのさまざまな媒体で、データベースという言葉をよく耳にします。その内容も、データベースを構築した、ネットワーク経由でデータベースが攻撃を受けた、内部のデータベースが流出したなどさまざまです。

本節でもデータベースを学習しますが、前述のデータベースが指しているものは、似ていることもあれば、異なることもあります。データベースとは何か、本節では、広義（広い意味）と狭義（狭い意味）に分けて説明します。

### （1）広義のデータベース

広い意味でのデータベースは、**データを含むものすべて**です。電話帳や住所録、何かの目的で一覧を作ったリスト、教科書・辞書・百科事典などの書籍、すべてがデータベースです。

データは単体でも意味があります。しかし、目的を持ってデータが集められていると、それ自体に価値が生まれるため、データベースが必要とされるのです。

### （2）狭義のデータベース

次に、（1）で述べた広い意味ではなく、IT分野に特化した、狭い意味でのデータベースについて説明します。狭い意味でのデータベースが、皆さんがこれから学習しようとしているものです。

説明の前に、1つ注意点があります。ここから「データベース」という言葉がたくさん出てきますが、同じ言葉なのに、定義が異なる場合があります。その都度、丁寧に説明しますので、ぜひ混乱しないで読み進めてください。

最初の定義ですが、データベースはソフトウェアです。ソフトウェアには、基本ソフトウェア（オペレーティングシステム：OS）と応用ソフトウェア（アプリケーションソフトウェア）があります。本項で説明するデータベースは、アプリケーションソフトウェアです。

## ①DBMS

アプリケーションソフトウェアとしてのデータベースは、データを処理します。リクエストにより、データを保管したり、データを検索・更新・削除したりします。膨大なデータを扱うこともありますが、コンピュータの処理能力が高ければ、複雑な条件を与えても、瞬時に検索を行い、結果を返すことが可能です。

アプリケーションソフトウェアとして、データベースを販売している企業があります。有名な企業と製品では、Oracle社のOracleDB、Microsoft社のMicrosoft SQL Server、IBM社のIBM Db2などがあります。また、オープンソースでデータベースソフトウェアを開発・配布しているThe PostgreSQL Global Development Groupなどの組織もあり、成果物としてPostgreSQLを開発・配布しています。そのほか、MySQL/MariaDB、SQLiteなどの成果物もあります。

これらのアプリケーションソフトウェアのことを、「データベースを管理するソフトウェア」という意味を込め、**DataBase Management System**=DBMSと呼びます。さらに、そのDBMSの内部で管理しているデータの集まりのこともデータベースと呼びます。顧客管理のデータベースや販売管理のデータベースなどというものです。この場合は、単純にDataBase = DBと呼ぶことが多いです。

したがって、たとえば『今、何の仕事してる？』『資産管理のデータベースを構築している』というような会話では、DBの意味のデータベースです。逆に、『何のデータベースを使って、構築してる？』『PostgreSQLだよ』というような会話では、DBMSの意味のデータベースです。

## ②SQL

DBMSを学習するうえで、非常に重要な言語として、構造化問い合わせ言語（**Structured Query Language** = SQL）があります。IBM社のプログラマが1970年代に開発した言語で、以降、DBMSで利用される、構造化問い合わせ言語の標準となりました。さらにIBM社だけでなく、Oracle社などの複数の企業がSQLで利用するDBMSの開発と販売を始めました。

すると各社が独自に派生させてしまうのが技術の宿命で、SQLも各社の独自仕様に流れました。そして、ANSI（※1）やISO（※2）で統一する動きがあり、都度年度と一緒にSQLの規格が制定されました。（※3）

しかし、結局、各社の独自仕様は完全にはなくならず、SQLの根幹

（※1） **ANSI**
米国国家規格協会。アメリカでの工業規格を決めている団体。日本での日本産業規格（JIS）に相当する。

（※2） **ISO**
国際標準化機構。製造業、建設業、小売業、IT業界などでさまざまな国際標準が決められている。

（※3） 例：SQL92：1992年に定められたSQLの規格

は標準化されているものの、細かいところでは独自仕様が残っていると理解してください。

本書の説明でもSQLを利用しますが、独自仕様に触れない範囲でSQLを利用しています。動作確認は、PostgreSQL（バージョン12）で行っています。

## 2 テーブル

### （1）データの管理

データベースでデータを管理するためは、テーブル（表）を用いる方法があります。(※4) リレーション（本項（3）参照）の方式を用いたデータベースでは、テーブルを用いてデータを管理します。テーブルは、もちろん表ですが、Excelのシートを想像するとわかりやすいでしょう。テーブルには、**図5-3-1**の属性があります。

(※4) 厳密には違う。（4）参照。

■ 図5-3-1　テーブルの属性

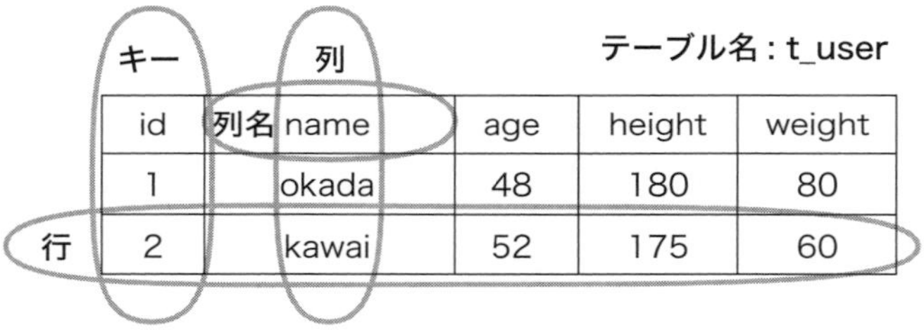

キー　列　テーブル名 : t_user

列名　行

| id | name | age | height | weight |
|---|---|---|---|---|
| 1 | okada | 48 | 180 | 80 |
| 2 | kawai | 52 | 175 | 60 |

#### ①列

テーブルの縦には、列（カラム）が存在します。同じ列には、同じ種類のデータを保存します。列には2つ大事なものがあります。

1つは、**列名**です。その列に、何のデータを保存するかを示しています。

もう1つが、**型**です。列に格納するデータには、型が存在します。たとえば、氏名を保存する列は、文字列を保存するため文字列型です。また、年齢を保存する列は数値が入ります。さらに、年齢は、48.3（歳）などとしない整数のため整数型です。

同じ数値が格納される列でも、身長や体重は小数点型 (※5) になります。181.3（cm）や82.4（kg）というように、整数ではなく小数点が付くからです。そのほか、列ではさまざまな型が利用できます。

(※5) **小数点型**
小数点型は、整数ではなく小数を扱う場合に利用される。ここではfloat型を用いているが、RDBMSによってはdecimal型やnumber型が存在する。decimal型やnumber型は、宣言時に小数点以下の桁数を指定し利用することも可能。

### ②行

テーブルの横を、行（ロー）といいます。データベースでは、データが増えると行が増えていきます。

### ③キー

行を扱ううえで重要なことは、**キー**の存在です。キーとは、**その行を一意に特定できるデータ**のことを指します。**図5-3-1**では、1列目のid列がキーに当てはまります。「idが1の行」「idが5の行」というように、id列の値が決まると行が定まります。

キーの作り方は複雑で、前述のid列のように自動的に連番を振る仕組みの場合もあります。また、その組織が決めている学生番号や社員番号といったデータで自動的に一意に定まる場合もあります。銀行の銀行番号・支店番号・口座番号といった複数の列のデータにより一意に定まる場合もあります。

## （2）データの操作

データがあるDBの場合、テーブルが複数あり、行も大量に存在します。そのDBに対して、DBMSは、条件に添ってデータを探したり、データを更新したりなどの操作をします。本項の最初にテーブルをExcelシートに例えて述べましたが、Excelの行の最大値は、古いバージョンでは65,536行、新しいバージョンでも100万行程度です。DBはそれを遥かに超えたデータを操作することが可能です。

## （3）リレーション

試験範囲外ですが、テーブルが複数存在するとき、お互いのテーブルの関係でDBを構築できます。このテーブル間の関係のことを、文字どおりリレーション（Relation：関係）と呼びます。

**リレーションの方式を用いたデータベースでは、**テーブルを用いてデータを管理します。もちろん、さまざまな方式でデータを管理するDBが存在しますが、一般的には、リレーション方式のDBMSが多く用いられています。それらを区別するため、リレーション方式のものは**Relational DataBase Management System（RDBMS）**と呼ばれることが一般的です。

## （4）テーブルの作成

テーブルを作成するには、create tableの命令を利用します。create

tableの命令の書式は、以下のとおりです。

```
create table テーブル名 (
            列名    型    制約,
            列名    型    制約,
                          :
);
```

記述の例は、以下のとおりです。

```
create table t_person (
            id         integer,
            name       varchar(32),
            age        integer,
            height     float,
            weight     float
);
```

行は見やすくするために改行していますが、1行で記述しても問題ありません。

各列には、型が存在しています。例では、integer, varchar(文字列), floatの型を利用していますが、ほかにもさまざまな型があります。SQLの標準で決まっている型もありますが、RDBMSごとに異なる場合もあります。RDBMSのマニュアルを参考にしてください。

型は重要です。本項（1）①の列の指定で、型について述べました。テーブルの列に限ったことではなく、プログラミング言語でも変数に型が存在することがあります。プログラミング言語では、Pythonなどは変数に型宣言を行いません。

RDBMSでは、列に型を適用します。これは非常に重要です。たとえば、誕生日や何かの申請日など、日付を管理したいとします。SQLには日付型が存在するため、それを利用します。

一般的に、日付の管理は8桁の数字で行われがちです。(※6) DBMSでもそのような設計をする場合がありますが、これは非常に危険です。

列が整数型であったとしても、8文字の数字を入れる文字列型であったとしても、さまざまな側面で危険です。一番の問題は、**エラー**

(※6) 例：2022年11月7日→20221107

**を検出できない**点です。

たとえば、"20221311" や "20230229" も、整数型や文字列型では入力できてしまいます。どちらも整数・文字列としては存在しえますが、日付としては誤っています。

型には型が持つ役割と特性があるため、必ずその役割に沿った利用をしましょう。

## 3 CRUD

データを操作するとはどういうことでしょうか？　たとえば、電話帳のメモリを想像してください。

- **誰かと知り合いになった**
  **→電話帳のメモリを「作る」**
- **誰かに連絡を取りたい**
  **→電話帳のメモリを「読む・探す」**
- **電話番号が変更になった**
  **→電話帳のメモリを「書き換える＝更新する」**
- **電話帳のメモリが不要になった**
  **→電話帳のメモリを「削除する」**

これ以外に、電話帳のメモリ（データ）を操作することはありません。反対に、データには、必ず作る、読む・探す、更新する、削除するの4つの操作があります。この4つの操作のことを、以下の頭文字を取ってCRUDと呼びます。

- **データを作成する：Create**
- **データを読む・探す：Read/Retrive**
- **データを更新する：Update**
- **データを削除する：Delete**

RDBMSのSQLでも、この4つは存在しています。それぞれ、以下の4つの命令に対応しています。

- **データを作成する：Create→insert**
- **データを読む・探す：Read/Retrive→select**
- **データを更新する：Update→update**
- **データを削除する：Delete→delete**

本項では、この4つの命令の文法を学習していきましょう。

### （1）データの操作

#### ①insert文

insertは、文字どおりデータを作成（挿入=insert）する命令です。基本的な構文は、以下のとおりです。

```
insert into テーブル名 (c1, c2, ...) values(d1, d2, ...);
```

c1, c2は列名、d1, d2は作成するデータです。(c1, c2, ...) の部分は省略可能ですが、その場合はd1, d2...の羅列が、テーブルが持つ標準の列の順序と同じでなくてはいけません。通常、その順序はわからないため、列名とデータを、順序を対応させて列挙する必要があります。

d1, d2...に格納されるデータは、通常は、そのまま記述します。

例：整数型1,2,...、浮動小数点型1.23, 2.34...

文字列は、'（アポストロフィー）でくくって、記述します

例：'岡田'

そのほか、さまざまなデータ型がありますが、日付データなども'を使って記述します

例：'2022-11-03'

#### ②select文

selectは、データを検索する命令です。基本的な構文は、以下のとおりです。

```
select c1, c2... from テーブル名 where 条件節 order by 並び替え
    の条件 ;
```

c1, c2...は列名の列挙です。検索の結果、表示したい列名を列挙します。*（アスタリスク）を使うと、全列を表示することも可能です。ただし、数十の列や100を超える列を持つテーブルも存在しうるので、可能であれば列名を指定することが望ましいです。

##### 1）where 条件節

where 条件節は、抽出するデータの条件を与えます。条件節は、以下のような記載方法があります。本項では、代表的な条件式を紹介します。

**例1**：列名　演算子　値　`age > 30`

「age列の値が30より大きい」という条件です。>, <, =, >=, <=, != 等が利用可能です。

**例2**：列名 like 文字列パターン　`name like '%okada%'`

「name列に、okadaという文字列が含まれている」%は0文字以上という条件です。_ は任意の1文字を示します。

**例3**：列名 in (値1, 値2...)　　`age in (30, 40)`

「age列が30あるいは40であるもの。値1, 値2...の中に適合（マッチ）するデータがあるか」という条件です。

**例4**：列名 between 値1 and 値2　　`age between 30 and 40`

「age列が30と40の間の値」という条件です。

#### 2）order by並び替えの条件

order by並び替えの条件とは、取得したデータをどのように並び替えるかの指定です。

**例1**：`order by age asc ;`

age列を昇順で並び替えます。order byは標準で昇順の並び替えをするため、ascは省略可能です。

**例2**：`order by age desc`

age列を降順で並び替えます。

### ③update文

updateは、データを更新する命令です。基本的な構文は、以下のとおりです。

```
update テーブル名 set c1 = d1, c2 = d2, ... where 条件節
```

c1, c2は列名、d1, d2はデータです。指定したテーブルで、条件節にマッチした行のそれぞれの列を、指定したデータで書き換えます。条件節の文法は、本項②1）を参照してください。

### ④delete文

deleteは、データを削除する命令です。基本的な構文は、以下のとおりです。

```
delete from テーブル名 where 条件節 ;
```

指定したテーブルの、条件節にマッチした行を削除します。条件節の文法は、本項②1）を参照してください。

### （2）参照系と更新系

（1）でデータのCRUDを紹介しましたが、R（select）とCUD（insert, update, delete）で違いがあることはわかりますか？　Rは**データを読み込むだけ**、CUDは**データに変更が加わります**。Rを参照系、CUDを更新系と呼びます。

RDBMSの利用が進んできて、性能を見積もるときに、参照系と更新系のベンチマークを取ります。なお、参照系のほうが更新系より処理が軽いため、すぐに処理が終わります。

もし、ベンチマークで参照系ばかり測定していたら、本番で更新系の処理が行われると、システムとしては能力不足になってしまいます。これらのバランスが取れた測定が必要です。

### （3）条件節の危険性

本項（1）で述べたとおり、select文、update文、delete文には条件節があります。条件節だけで非常に多くの文法項目があるくらい、重要なトピックです。そして、この条件節は、忘れたり使い方を間違えたりすると非常に危険な事態を引き起こします。

たとえば、select文で条件節を置かなかったら、全件出力されてしまいます。10～20件であれば問題ないかもしれませんが、100件、1万件、1億件と出力が止まらなくなる危険があります。そのテーブルが個人情報であったのなら不要なアクセスが行われたことによる悪用が疑われ、なぜ、検索を実行したのかも問題になります。

update文やdelete文で条件節を置かなかったら、全件のデータが書き変わったり、消えたりしてしまいます。お金に関するテーブルであれば、経済的損失になります。それ以外でも、復旧が大変になります。削除してしまったデータを復旧する場合、1秒に1件、1日寝ないで作業しても、1日 =24時間 = 86,400秒のため、86,400件しか復旧できません。元データが100万件や1億件であったら、事実上不可能です。

RDBMSは強力で、大量にデータが入ったDBは非常に価値があります。それを操作してサービスを提供できるだけで、価値があることです。しかし、一歩操作を間違えると、非常に大きなマイナスを生むことになります。操作での注意は、非常に重要なものです。

## 4 Node.jsからDBへの接続

本項では、Node.jsからRDBMSに接続します。本書で用いるのは、**SQLite3**というRDBMSのデータベースです。

SQLiteとは、第1項（2）①で述べたとおりRDBMSの一種です。同じオープンソースのRDBMSのPostgreSQLやMySQLと違うのは、比較的動きが軽いRDBMSであるということです。PostgreSQLやMySQL、ほかの商用RDBMSは、ネットワーク経由で頻繁にアクセスを行うことを想定しています。これに対し、SQLiteは、どちらかというと、ローカルのPCからのみの小規模なDB運用を行います。

### ①SQLite3への接続

Node.jsからSQLite3に接続するのは、SQLite3用のモジュールを利用します。インストール方法は、以下のとおりです。

```
npm install sqlite3
```

実際に、同じディレクトリにSQLite3のDBファイルを作成しながら起動します。

```
% sqlite3 file://./wde05.db
```

プログラムでは、以下のように指定します。

```
const sqlite3 = require("sqlite3");
const DB = new sqlite3.Database("./wde05.db");
```

sqlite3のモジュールを読み込み、対象のDBファイルを引数としたオブジェクト（DB）を作成します。

### ②SQLの実行

Node.jsからSQLite3のDBを操作します。以下のプログラムを実行します。

```
wde05.js:
const sqlite3 = require("sqlite3");
```

```
const DB = new sqlite3.Database("./wde05.db");

DB.serialize(() => {
    DB.run("create table t_user(name, age, height, weight)");

    DB.run("insert into  t_user(name, age, height, weight)
    values(?,?,?,?)", "okada", 48, 180, 80);
    DB.run("insert into  t_user(name, age, height, weight)
    values(?,?,?,?)", "kawai", 52, 175, 60);

    DB.each("select * from t_user", (err, row) => {
        console.log(`${row.name} ${row.age}`);
    });
    DB.get("select * from t_user where name ='okada'", (err,
    row) => {
        console.log(`${row.name}  ${row.height}`);
    })
    DB.all("select * from t_user", (err, rows) => {
        rows.forEach(function (row) {
            console.log(`${row.name}  ${row.weight}`);
        })
    })
DB.close()
});
```

実行結果は、以下のとおりです。

```
okada 48
kawai 52
okada  180
okada  80
kawai  60
```

最初にDB.serialize( )で処理の全体を囲っています。これは、JavaScriptの仕様で、非同期で実行が行われることに由来しています。実行では、処理が順番ではなく非同期で行われるため、プログラムの順序のどおりに動かない可能性があります。それを防ぐために serialize( )を用い、処理が順序立てて進められるようにします。

run( )のメソッドは、SQL文を実行します。この例では、テーブルの作成とデータ2件の作成（insert）を行っています。run( )メソッドの処理の「？」は、変数の一種と考えてください。SQLを学習したうえで、本来であれば、この「？」の部分には、name、age、height、weightにそれぞれ対応した値がセットされます。この例では、プログラム上の値をリンクするために「？」を置き、後でその変数に代入する値をセットします。この例の場合は、1つ目の「？」に"okada"、2つ目に「48」と、後ろに置いた値を対応させています。

each( )のメソッドは、取得結果を順番に返します。この例では、2件の出力を行います。

get( )のメソッドは、取得対象を1件のみ取得します。この例では、okadaのみ検索対象になるようにしているため、1件（okada）だけ出力をしています。

all( )のメソッドは、取得対象を一度に全部取得します。この例では、取得後にforEach文でそれぞれにアクセスしています。一見、each( )を利用したときと同じ働きですが、all( )を利用すると、データが一度にすべてnode側に来てしまいます。この例のように2件であれば問題ありませんが、数千・数万もの件数を取得する場合は、**node側のメモリが圧迫されてしまう**ため、注意が必要です。

DB.close( )はデータベースとの接続を切断します。プログラム上に書かなかった場合、DBのオブジェクトが廃棄されるときに呼び出されます。

## 5 SQLインジェクション

データベースを操作するうえで、非常に危険なセキュリティ問題が存在します。一番有名なのは、SQLインジェクションというものです。

SQLインジェクションは、文字どおりSQLをインジェクション（Injection：注入・注射）することで、DBやその管理内容に対して重大な問題を引き起こします。本項では、その発生メカニズムと対応方法を学習します。

### (1) 発生メカニズム

前項（1）②でもNPMでSQL文を組み立て、そのSQL文を実行しました。SQLインジェクションは、この過程で発生することがあります。たとえば、t_userのname列にokadaという文字列がある場合を想定します。SQL文は、以下のとおりです。

```
select name, age from t_user where name = 'okada' ;
```

このokadaを、HTMLのFormで受け取った任意の値とします。okadaのように期待した文字列が入る場合は問題ありませんが、もし、Formで以下のような文字列が送られてきたらどうでしょうか？

```
' or 1 = 1; drop table t_user; select * from t_user where name
    = '
```

全部の文字列を連結すると、**図5-3-2**のとおりになります。

**● 図5-3-2　文字列の連結**

```
select name, age from t_user where name = '' or 1 == 1; drop table t_user; select * from t_user where name = '';
```

全部でSQLの文章が3つできています。文法的には正しいSQL文ですが、問題は2つ目のSQL文です。drop tableは、前述のcreate tableの逆を行い、テーブルを削除します。1つ目のSQL文は or 1 == 1の部分で常に成立するため、drop tableも機能し、テーブルが削除されてしまいます。このように、SQL文に別のSQL文を挿入（注入=Injection）して、想定していない働きをさせることを、SQLインジェクションと呼びます。実際、この手法により、情報が不正に操作されたり、流出したりした事件が存在します。

### （2）対応策

SQLインジェクションの対応策としては、**特殊文字に特殊な働きをさせないこと**です。事の発端は、SQLの文字列検索で文字列の部分を示す「'」（アポストロフィー）が開いた状態であったところに、Formで渡された値がそれを強制的に閉じたところです。つまり、「'」が「特殊文字」であり、文字列の開始と終了を示すという「特殊な働き」があります。Formで渡された文字列に「'」があった場合は、それは文字列の開始・終了という特殊文字の働きをせず、単に「'」

という文字として扱うとの加工をすれば、この問題が解決されます。

SQLでは、「'」を文字列の開始・終了として扱わず、単に文字列として扱いたいときは、「'」の前に「\」(バックスラッシュ)[※7]を付けることになっています。したがって、「'→\'」という変換をすれば、問題は解決します。

(※7) 表示方法によっては¥(円マーク)

この処理は、**文字列をエスケープする処理**と呼ばれ、この処理全体のことは、**無毒化(サニタイズ)**と呼ばれることがあります。

ただし、文字列のエスケープをプログラム上の処理で行うことは、あまりお勧めしません。というのは、人間は必ず「うっかり忘れ」をするからです。うっかり忘れを防ぐためにするために、プログラム上に、入力値(パラメータ)を設定する方式が用意されています。以下のように設定します。

```
db.get('select name, age from t_user where name = $name',
        { $name, : $form_name },
        function (err, res) {
          if (err) return reject(err);
         console.log(...)
       });
```

$nameと指定したところに、Formの入力値を代入する仕組みです。この際に、渡された文字列に'があった場合は、エスケープが行われます。

**コラム　リレーショナルデータベースと非リレーショナルデータベース**

本節第2項で述べたRDBMS以外の構造のデータベースとして、1998年にNoSQLという非リレーショナルデータベースが出てきました。RDBMSが表と表の関係でデータを管理したのに対し、NoSQLはキーと値でデータを管理するKey-Value型のデータベースであり、構造型ストレージとも呼ばれます。NoSQLの利用が向いている用途としては、大規模なデータを統計的に解析する、増え続ける情報をリアルタイムに解析するなどがあげられます。

MongoDB社がNoSQLとして開発・公開しているMongoDBはかなり人気があります。また、Apacheソフトウェア財団が開発・公開しているCouchDBはErlangで書かれています。

なお、Salvatore Sanfilippo(個人)により開発・公開がされているRedisなども広く知られています。

**問題1**

Node.jsで、必要なモジュールを追加する。モジュール名がsample_mdlのとき、下線部に当てはまるサブコマンドは何か。記述しなさい。

```
npm _________ sample_mdl
```

解　答 ________________

**問題2**

npmで、取り寄せ済みであるモジュールの一覧を表示するサブコマンドは何か。記述しなさい。

```
npm _________
```

解　答 ________________

**問題3**

現在のディレクトリをモジュールのトップディレクトリとみなし、初期設定を行いながらモジュールに必要なファイルを対話形式で作成していくとき、npmのサブコマンドは何か。記述しなさい。

```
npm _________
```

解　答 ________________

**問題4**

npmでアプリケーションをビルドした際、依存しているモジュールを取り寄せる。取り寄せたモジュールを保管しておくディレクトリは何か。記述しなさい。

解　答 ________________

### 問題5

Node.jsのExpressにおいて、json形式でレスポンスを返すメソッドは何か。レスポンスのオブジェクトがresであったときのメソッド名を記述しなさい。

解　答 ＿＿＿＿＿＿＿＿＿＿＿＿＿＿＿＿＿＿＿＿

### 問題6

Node.js上のフレームワークExpressにおいて、URLのトップ(/)に対してHTTPのGETリクエストを受けたときの応答を定義するとき、下線部に当てはまる語を記述しなさい。

```
const express = require('express')
const app = express()

________('/', (req, res) => {
  res.send('Hello World!')
})
```

解　答 ＿＿＿＿＿＿＿＿＿＿＿＿＿＿＿＿＿＿＿＿

### 問題7

テンプレートエンジンejsで、内容をエスケープせずにそのまま出力するタグは何か。次の4つの中から正しい解答を選択しなさい。

1. <% ..... %>
2. <%= ..... %>
3. <%- ..... %>
4. <%# ..... %>

解　答 ＿＿＿＿＿＿＿＿＿＿＿＿＿＿＿＿＿＿＿＿

**問題8**

データベースでテーブルを作成する際に必須の項目は何か。次の4つの中から正しい解答を2つ選択しなさい。

1. テーブル名
2. キー
3. 列名
4. 制約

解　答 ______________________________

**問題9**

テーブルt_userに含まれるname列の値が、文字列okadaを含む行を検索するSQLを記述するとき、下線部に当てはまる語を記述しなさい。

```
select name, age from t_user where name = '________' ;
```

解　答 ______________________________

**問題10**

データを更新するSQLの命令は何か。次の4つの中から正しい解答を選択しなさい。

1. select
2. insert
3. update
4. delete

解　答 ______________________________

**問題11**

SQLの条件節で、「テーブルt_personのage列が、20と40の間であるデータを抽出する」との範囲を指定するキーワードは何か。下線部に当てはまる語を記述しなさい。

```
select * from t_person where age ________ 20 and 40;
```

解　答 ________________________________

**問題12**

Node.jsのSQLite3プラグインにおいて、指定したSQL文を実行する際に複数件のレスポンスを1行ずつ取得するメソッドは何か。「select * from t_user を実行し、実行結果を1行ずつ取得する」ための下線部に当てはまるメソッド名を記述しなさい。

```
DB.________("select * from t_user", (err, row) => {
        (処理)
 });
```

解　答 ________________________________

# 第 6 章

# Web Development Essentials 模擬試験問題

**問題 1**

Webブラウザで扱える専用のプログラミング言語で、インタプリタ型の言語は何か。次の4つの中から正しい解答を1つ選びなさい。

1. C言語
2. JavaScript
3. Python
4. PHP

解 答 ______

**問題 2**

WebサーバでWeb APIを提供するとき、SQL言語のようなAPIでクライアントが定義したデータをサーバから渡す方式は何か。次の4つの中から正しい解答を1つ選びなさい。

1. REST
2. RESTful
3. GraphQL
4. SPA

解 答 ______

**問題 3**

Webサーバからいったん読み込むと、Webブラウザで画面遷移なしにアプリのように動くWebアプリケーションの名称は何か。次の4つの中から正しい解答を1つ選びなさい。

1. シングルページアプリケーション(SPA)
2. コンテンツマネジメントシステム(CMS)
3. プログレッシブWebアプリケーション
4. Webアッセンブリ

解 答 ______

**問題 4**

Webサーバへアクセスしてファイルがなかったとき、表示されるエラーのステータスコードは何か。次の４つの中から正しい解答を１つ選びなさい。

1. 200
2. 303
3. 404
4. 500

解　答 ________________

**問題 5**

Webサーバへアクセスして実行されたプログラムのエラーが出たときのステータスコードは何か。次の４つの中から正しい解答を１つ選びなさい。

1. 200
2. 303
3. 404
4. 500

解　答 ________________

**問題 6**

Webサーバへアクセスしてパスワード認証などセキュリティを必要とするときに使うプロトコルの名称は何か。次の４つの中から正しい解答を１つ選びなさい。

1. http
2. https
3. ftp
4. ssh

解　答 ________________

**問題 7**

headタグの働きは何か。次の４つの中から正しい解答を１つ選びなさい。

1. ドキュメントのコメントを記述する
2. ドキュメントのコンテンツを記述する
3. ドキュメントのメタ情報を記述する
4. ドキュメントの秘密鍵情報を記述する

解 答 ________________

**問題 8**

metaタグの働きは何か。次の４つの中から正しい解答を３つ選びなさい。

1. ドキュメントの言語を記述する
2. ドキュメントの文字エンコーディングを指定する
3. ドキュメントの作成者の情報を記述する
4. ドキュメントの説明を記述する

解 答 ________________

**問題 9**

初期状態でウインドウの横幅いっぱいに表示されるタグは何か。次の４つの中から正しい解答を２つ選びなさい。

1. divタグ
2. buttonタグ
3. h1～h6タグ
4. textareaタグ

解 答 ________________

**問題10**

mainタグの働きは何か。次の4つの中から正しい解答を1つ選びなさい。

1. セマンティクスな要素の導入となるコンテンツを記述する
2. セマンティクスな要素の中心となるコンテンツ
3. ひとまとまりな要素となるコンテンツ
4. セマンティクスな要素の締めとなるコンテンツ

解　答 ＿＿＿＿＿＿＿＿＿＿＿＿＿＿＿＿

**問題11**

https://www.jmam.co.jp/faq/training/index.htmlドキュメントにあるimgタグのsrc属性が../../logo.pngのパスはどれか。次の4つの中から正しい解答を1つ選びなさい。

1. https://www.jmam.co.jp/img/logo.png
2. https://www.jmam.co.jp/faq/training/logo.png
3. https://www.jmam.co.jp/faq/logo.png
4. https://www.jmam.co.jp/logo.png

解　答 ＿＿＿＿＿＿＿＿＿＿＿＿＿＿＿＿

**問題12**

audioタグやvideoタグのpreload属性が指定するものは何か。次の4つの中から正しい解答を1つ選びなさい。

1. 事前準備を設定する
2. 初期状態を音消し状態にする
3. 終わりまで再生すると先頭から自動的に再生する
4. 再生ボタンなどのコントロールを表示する

解　答 ＿＿＿＿＿＿＿＿＿＿＿＿＿＿＿＿

**問題13**

inputタグで数値を入力するときのtype属性は何か。次の４つの中から正しい解答を２つ選びなさい。

1．email
2．range
3．number
4．reset

解　答 ＿＿＿＿＿＿＿＿＿＿＿＿＿＿＿＿

**問題14**

フォームでデータを送るときに送信データがURLの後ろに付いてデータが見えてしまう可能性を減らすために、formタグのmethod属性に指定する値は何か。次の４つの中から正しい解答を１つ選びなさい。

1．selected
2．checked
3．GET
4．POST

解　答 ＿＿＿＿＿＿＿＿＿＿＿＿＿＿＿＿

**問題15**

CSSでpタグの背景色を灰色にする記述は何か。次の４つの中から正しい解答を２つ選びなさい。

1. p { backgroud: gray }
2. .p { backgroud: gray }
3. p { backgroud-color: gray }
4. #p { backgroud-color: gray }

解　答 ＿＿＿＿＿＿＿＿＿＿＿＿＿＿＿＿

**問題16**

CSSのコメントとして正しい記述は何か。次の4つの中から正しい解答を1つ選びなさい。

1. //
2. // コメント //
3. /* コメント
4. /* コメント */

解　答 ______

**問題17**

CSSの擬似（pseudo）クラスを記述すべき順番はどれか。次の4つの中から正しい解答を1つ選びなさい。

1. active link visited hover
2. link visited hover active
3. link visited active hover
4. visited link hover active

解　答 ______

**問題18**

CSSが適用される優先順位として高い順番はどれか。次の4つの中から正しい解答を1つ選びなさい。

1. linkタグstyle属性 styleタグ linkタグ
2. linkタグ styleタグ style属性
3. styleタグ style属性 linkタグ
4. style属性 styleタグ linkタグ

解　答 ______

## 問題19

CSSでフォントサイズを現在よりも相対的に大きくする記述は何か。次の4つの中から正しい解答を1つ選びなさい。

1. font-size: smaller;
2. font-size: x-larger;
3. font-size: larger;
4. font-size: largest;

解　答 ________________________________

## 問題20

CSSで16進数の#FFFFFFは何色か。次の4つの中から正しい解答を1つ選びなさい。

1. 赤
2. 青
3. 灰色
4. 白

解　答 ________________________________

## 問題21

CSSでdivタグに囲まれた要素を左側へフローティングさせて表示する記述は何か。次の4つの中から正しい解答を1つ選びなさい。

1. div ( left: float; }
2. div { float: left; }
3. div { both: left; }
4. div { left: both; }

解　答 ________________________________

**問題22**

CSSで内包する要素を横並びで均等になるように横のサイズを伸ばして表示したいとき、親となるタグへの記述は何か。次の4つの中から正しい解答を1つ選びなさい。

1. display: flex;
2. display: grid;
3. position: flex;
4. position: grid;

解　答 ________________

**問題23**

JavaScriptでHELLO定数を「わーるど」という文字列として定義する文は何か。次の4つの中から正しい解答を1つ選びなさい。

1. const HELLO = 'わーるど';
2. let HELLO = 'わーるど';
3. var HELLO = 'わーるど';
4. var HELLO = わーるど;

解　答 ________________

**問題24**

JavaScriptで下記の文を実行した結果は何か。次の4つの中から正しい解答を1つ選びなさい。

```
console.log(12 * "文字列");
```

1. 12
2. 文字列
3. NaN
4. 12文字列

解　答 ________________

## 問題25

JavaScriptで連想配列（定数ではない）を正しく定義した記述は何か。次の4つの中から正しい解答を1つ選びなさい。

1. const member = [ name:'ジョン・ドウ', age:20 ];
2. let member = { name:'ジョン・ドウ', age:20 };
3. const member = { name:'ジョン・ドウ', age:20 };
4. let member = [ name:'ジョン・ドウ', age:20 ];

解　答 ______________________

## 問題26

JavaScriptで 1 > 5 という式を変数へ代入したときの変数の型は何か。次の4つの中から正しい解答を1つ選びなさい。

1. true
2. false
3. number
4. boolean

解　答 ______________________

## 問題27

JavaScriptで下記の式の意味は何か。次の4つの中から正しい解答を1つ選びなさい。

```
variable > 0 && variable < 100
```

1. 変数 variable は 0 より大きい かつ 100 未満
2. 変数 variable は 0 以上 かつ 100 未満
3. 変数 variable は 0 以上 または 100 未満
4. 変数 variable は 0 より大きい または 100 未満

解　答 ______________________

## 問題28

下記のJavaScriptのプログラム内で「せかい」は何回表示されるか。次の４つの中から正しい解答を１つ選びなさい。

```
let j=true;
while( j ){
  console.log('せかい');
  j=false;
  continue;
}
```

1. 0
2. 1
3. 繰り返さない
4. 無限回

解　答 ＿＿＿＿＿＿＿＿＿＿

## 問題29

JavaScriptの関数を呼び出したときに「不適切な参照エラー（Uncaught Reference Error)」が発生する原因は何か。次の４つの中から正しい解答を１つ選びなさい。

1. 関数内の変数が宣言される前に使われた
2. 関数が宣言される前に関数が使われた
3. 関数が宣言されている別ファイルが読み込まれる前に関数が使われた
4. 関数で戻り値がない

解　答 ＿＿＿＿＿＿＿＿＿＿

## 問題30

下記のJavaScriptは引数の階乗を求めるfactorial関数である。_____の部分に入る文字列は何か。次の4つの中から正しい解答を1つ選びなさい。

```
function factorial(num){
  let answer = 1;
  if(num > 2 ){
    answer = factorial(num-1);
  }
  return ______ *num;
}
```

1. answer
2. return
3. factorial
4. function

解　答 ______________________

## 問題31

JavaScriptで下記の文の意味は何か。次の4つの中から正しい解答を1つ選びなさい。

```
document.querySelector('#text').value = '新しい芸術';
```

1. class属性がtextのコンテンツに「新しい芸術」という文字列を表示する
2. id属性がtextのvalue属性に「新しい芸術」という文字列を代入する
3. name属性がtextのvalue属性に「新しい芸術」という文字列を代入する
4. class属性がtextのvalue属性に「新しい芸術」という文字列を代入する

解　答 ______________________

## 問題32

JavaScriptで下記の文の意味は何か。次の4つの中から正しい解答を1つ選びなさい。

```
const divs = document.getElementsByClassName('blue');
for(const tag of divs){
  tag.setAttribute('style','background:red;');
}
```

1. class属性にblueが含まれるタグの文字色を赤くする
2. class属性にblueが含まれるタグの背景色を赤くする
3. class属性にblueが含まれるタグの枠の色を赤くする
4. name属性がblueのタグの文字色を赤くする

解　答 ＿＿＿＿＿＿＿＿＿＿＿＿＿＿＿＿

## 問題33

Node.jsで、モジュールejsを利用するためインストールを行う。下線部に当てはまるキーワードは何か。次の4つの中から正しい解答を1つ選びなさい。

```
______ install 'ejs'
```

1. node
2. npm
3. nodejs
4. rpm

解　答 ＿＿＿＿＿＿＿＿＿＿＿＿＿＿＿＿

## 問題34

ejsのテンプレートファイルで、変数$valueをHTMLに出力するとき、用いられる記述方法は何か。次の4つの中から正しい解答を1つ選びなさい。ただし、$valueに含まれているHTMLの特殊文字は、すべてエスケープされるものとする。

1. <% $value %>
2. <%= $value %>
3. <%- $value %>
4. <%# $value %>

解答 ＿＿＿＿＿＿＿＿＿＿＿＿＿＿＿＿

## 問題35

Node.jsでプログラムindex.jsを実行する。下線部に当てはまるキーワードは何か。次の4つの中から正しい解答を1つ選びなさい。

```
______ index.js
```

1. node
2. npm
3. nodejs
4. rpm

解答 ＿＿＿＿＿＿＿＿＿＿＿＿＿＿＿＿

**問題36**

Node.jsで、テンプレートエンジンとしてejsを利用するとき、プログラムに記述する必要がある命令で、下線部に当てはまるキーワードは何か。次の4つの中から正しい解答を1つ選びなさい。

```
app.set('_______', ejs);
```

1. template
2. template engine
3. views
4. view engine

解　答 ______________________________

**問題37**

Expressでviewsディレクトリに格納されているものは何か。次の4つの中から正しい解答を1つ選びなさい。

1. そのモジュールが利用する、ほかのモジュールファイル
2. Expressが利用するテンプレートエンジンのテンプレートファイル
3. Node.jsが作成する実行プログラム
4. そのモジュールの設定ファイル

解　答 ______________________________

**問題38**

テーブルt_userに含まれるname列の値が、okadaである行を検索するSQLを記述するとき、下線部に当てはまるキーワードは何か。記述しなさい。

```
select name, age from t_user  _______ name = 'okada' ;
```

解　答 ______________________________

### 問題39

整数型のid列、文字列型name列、整数型age列を含むテーブルt_personに行を追加するとき、下線部に当てはまるキーワードは何か。次の４つの中から正しい解答を１つ選びなさい。

```
insert ___ t_person (id, name, age) values(1, 'okada' , 48) ;
```

1. open
2. into
3. new
4. set

解　答 ______________________

### 問題40

整数型のid列、文字列型name列、整数型age列を含むテーブルt_peopleを作るとき、下線部に当てはまるキーワードは何か。次の４つの中から正しい解答を１つ選びなさい。

```
_______ table t_people (
        id interger,
        name varchar(32),
        age integer );
```

1. new
2. insert
3. create
4. open

解　答 ______________________

●著者紹介●

**川井 義治**（かわい よしはる）　**第1章〜第4章、第6章担当**

高等教育機関や高等職業訓練機関などでプログラミングやLinux OSの教育に携わる。一方で学生の頃からプログラミングやUNIX/Linuxについて雑誌・書籍で執筆 。

**岡田 賢治**（おかだ けんじ）　**第5章、第6章担当**

都内某社でサラリーマンのかたわら、「LPI普及推進おじさん」としてLPIに関する試験の普及活動を行っている。本来は、Linux等のサーバ管理者がメインだが、プログラミング・クラウド管理・執筆・セミナー講師など、フルスタックエンジニアを目指しながら日々精進中。

**LPI公式認定　Web Development Essentials 合格テキスト＆問題集**

2023年4月10日　初版第1刷発行

著　者――川井 義治、岡田 賢治
©2023 Yoshiharu Kawai, Kenji Okada
発行者――張 士洛
発行所――日本能率協会マネジメントセンター
〒103-6009　東京都中央区日本橋2-7-1　東京日本橋タワー
TEL 03(6362)4339(編集)／03(6362)4558(販売)
FAX 03(3272)8128(編集)／03(3272)8127(販売)
https://www.jmam.co.jp/

装　　丁――後藤 紀彦（sevengram）
本文DTP――株式会社森の印刷屋
印刷所――シナノ書籍印刷株式会社
製本所――株式会社三森製本所

本書の内容の一部または全部を無断で複写複製（コピー）することは、法律で認められた場合を除き、著作者および出版者の権利の侵害となりますので、あらかじめ小社あて許諾を求めてください。

本書の内容に関するお問い合わせは、iiページにてご案内しております。

ISBN 978-4-8005-9081-7 C3055
落丁・乱丁はおとりかえします。
PRINTED IN JAPAN

● JMAMの本 ●

## LPI公式認定
# Linux Essentials 合格テキスト＆問題集

Linuxはオペレーティングシステムの一種であり、Webサーバや企業内の基幹サーバとして急速にシェアを伸ばしてきました。その中立的な資格として、ネットワークの運用・管理ができるエキスパートを認定するLinux技術者認定試験（LPIC）があり、Linux Essentials認定試験は、Linuxの最入門資格です。本書はLPI公式認定の対策書籍であり、試験範囲の解説と確認問題を収録し、短期間での習得・試験合格を目指せる教材です。

長原　宏治 著
B5判・256頁（別冊16頁）

---

## 全国中学高校Webコンテスト認定教科書
# 超初心者のためのWeb作成特別講座

本書は、全国中学高校Ｗｅｂコンテストで要求されるレベルのWeb教材制作のための手引書です。初めてWeb制作に取り組む人や、チームでのWeb制作プロジェクトに取り組む人に最適な入門書です。本書を通じ、プログラミングの前提となるHTML・CSSなどのWeb制作の基礎知識と、本コンテストで要求される構成力・表現力、および問題解決力・コミュニケーション力が身に付きます。

永野　和男 編著
学校インターネット教育推進協会 著
B5判・120頁

---

日本能率協会マネジメントセンター

LPI公式認定

# Web Development Essentials 合格テキスト＆問題集

## 解答・解説

# 第1章　ソフトウェア開発とWeb技術　演習問題　解答・解説

（表記例）「1-1-1」は第1章第1節第1項を指す。

**問題1**　解答：3　（本文1-1-1）

**解説**　プログラム言語はプログラミングパラダイムを取り入れて進化してきました。コンピュータが十分に速くなったため、実行時に負荷が高いインタプリタ型の言語も多く使われるようになりました。中でも、時代を先取りしたライブラリが多いPythonの台頭が目ざましいです。

**問題2**　解答：4　（本文1-1-2）

**解説**　プログラムのソースコードは人間がわかるようにテキストで構成されています。コンピュータが理解できるのはコンピュータのCPUに合わせたバイナリ形式のファイルとなるため、テキストからバイナリへ変換する作業、つまり、コンパイルする必要があります。

**問題3**　解答：3　（本文1-1-3）

**解説**　プログラムを作成するとき、同じ記述を何回も繰り返して書いたり、数学関数のような決まった計算をしたりする仕組みなどは、関数というまとまりで管理すると扱いが楽になります。そして、いくつかの関数は、まとめてライブラリというかたまりにして管理します。

**問題4**　解答：1　（本文1-1-5）

**解説**　人間が記述するプログラムのソースコードは、文字から構成されるテキスト文書となります。テキスト文書は装飾をするワープロソフトで記述するのではなく、テキスト入力専用のテキストエディタというプログラムを使用します。現在では、プログラミングに特化して高機能になっています。

**問題5**　解答：2　（本文1-1-5）

**解説**　プログラムのソースコードのバージョンを管理するための専用ツールがいくつかあります。プログラマの人数が増えれば増えるほどソースコードの管理が複雑化します。このため、特にオープンソースのプログラムの管理では、分散管理ができるGitやその派生製品が多用されています。

**問題6**　解答：2　（本文1-2-1）

**解説**　ネットワークが普及して広く使われるようになり、さまざまな組み合わせのシステムが考えられてきました。インターネット時代の昨今では、情報提供するサーバへ複数のユーザがアクセスし、情報を参照・投稿できる形のクライアントサーバモデルが主となっています。

**問題7**　解答：1　（本文1-2-4、1-2-5）

**解説**　静的なホームページから始まったWebサービスは、しだいにプログラムと連動して動くようになり、掲示板やSNSというWebシステムへ進化していきました。Web上で動くプログラム、それもさまざまな機能を提供するWebアプリケーションがネットワーク上に公開されています。

**問題8**　**解答：4**　（本文1-1-8、1-2-3、1-2-4、1-2-10）

解説　Webサーバ上ではインタプリタ型言語が多用されており、当初はPerl、PHPの順に全盛を迎え、その後、RubyやGoなどの新しい言語も登場しました。昨今では、他分野でも流行のPythonも使われるようになっています。

**問題9**　**解答：3**　（本文1-2-8）

解説　Webアプリケーションは、Webブラウザの進化に伴いクライアントで動作するJavaScriptと連携してさまざまなユーザインターフェースを提供するようになりました。JavaScriptだけで動作するプログレッシブWebアプリというアプリケーションも生み出しました。

**問題10**　**解答：2**　（本文1-3-1）

解説　WebブラウザからWebサーバへデータを送信するフォーム送信の手法には、GETメソッドとPOSTメソッドの2つがあります。POSTメソッドは、POST命令の後のURLに付けるのではなく、その後ろのさまざまなヘッダー情報の後に付けて送られます。

**問題11**　**解答：3**　（本文1-3-1）

解説　WebブラウザからWebサーバへ要求するGETやPOSTコマンドの後に、フィールド名と内容が羅列されてWebサーバへ送られます。フィールド名としては、クライアントであるWebブラウザの情報（Host）や要求するURLの情報（Referer）などがあります。

**問題12**　**解答：2**　（本文1-3-6）

解説　HTTP通信を高速化するための手段にキャッシュがあります。Webブラウザは、1回読み込んだファイルを保存・再利用し、繰り返しアクセスによる通信時間を減少させます。ネットワーク側は、ライブラリなどの共通のファイルをユーザに近い共有サーバへ置いてアクセスさせます。

**問題13**　**解答：4**　（本文1-3-7）

解説　HTTPの通信の仕組みは、送受信が1セットの組となります。たとえば、一度名乗った名前が次の通信では消えているなど、前の通信で送った情報が次の通信では忘れられてしまうと不便です。情報が残り続けるために、情報をWebクライアントにいったん保存し、Webサーバへ毎回送るクッキーという仕組みが使われます。

**問題14**　**解答：3**　（本文1-3-8）

解説　HTTPには、ほかの送受信の情報を引き継げない問題を解決するため、Webサーバに情報を保存するセッションという仕組みがあります。セッションはクッキーも一緒に使うため、保存した情報が完全に漏れないといった絶対の安全はありません。

**問題15**　**解答：1・3**　（本文1-3-9）

解説　インターネットではさまざまなサービスが提供されています。その中でも、一般の人たちが使用するサービスの代表格はHTTPを使ったWebサービスでしょう。Webサービスを提供するためのプログラムとして、Apache HTTP Serverとnginxがあげられます。

# 第2章　HTMLドキュメントマークアップ　演習問題　解答・解説

（表記例）「2-1-1」は第2章第1節第1項を指す。

**問題1**　解答：3　（本文2-1-1）

**解説**　HTMLはハイパーリンクで相互接続できるコンテンツを扱うタグ言語で、見栄えの機能もあるとはいえ、コンテンツ、特に文章の抽象構造を形作るために使うのが大きな役割となります。文章としては見出しや本文という要素があります。

**問題2**　解答：1　（本文2-1-3）

**解説**　HTMLタグの中で、画面に表示されるコンテンツを囲むbodyタグは、開始タグの<body>要素で始まり、終了タグの</body>要素で閉じます。bodyタグの同列のタグとしてメタ情報を記述するheadタグがあり、親となるタグとしてhtmlタグがあります。

**問題3**　解答：2　（本文2-1-3）

**解説**　HTML文書で表示される文字と文字コードの対応を指定する文字エンコーディングは、metaタグのcharset属性でcharset="UTF-8"のように指定します。1．Shift_JISはWindowsで、3．ISO-2022-JPはメールで、4．EUC-JPはUNIX OSで使われていた文字エンコーディングです。

**問題4**　解答：1　（本文2-1-3）

**解説**　HTML文書の最初には、DTD(Document Type Definition)を記述します。DTDはXMLやXHTMLでも使われる書き出しで、現在のHTMLバージョン5規格になった以降はより短くてわかりやすい<!DOCTYPE html>を記述します。記述は大文字でも小文字でも可能です。

**問題5**　解答：2　（本文2-2-1）

**解説**　HTML文書でコンテンツの文章を記述するためには、pタグで囲む必要があります。pタグは開始タグの<p>要素で始まり、終了タグの</p>要素で終わります。pタグは複数並ぶこともあり、pタグと一緒にh1～h6の表題のタグが並びます。

**問題6**　解答：3　（本文2-2-1）

**解説**　HTML文書で要素を並べるときに、番号を付けずに「・」などの記号を付けて順位のない項目とするにはulタグを使います。各項目をグループ分けするためのタグが挟まれることもあります。

**問題7**　解答：3　（本文2-2-1）

**解説**　HTML文書でも、一般の文章と同じく表題が大切です。h1タグはタイトルとなるような一番大きな表題、h2タグは次に分かれた各章の表題、h3はさらに分かれた節のような表題であり、h6タグまであります。数字により表示サイズが変わりますが、見栄えよりも章や節などの構造を考慮しましょう。

**問題8**　**解答：2**　（本文2-2-3）

**解説**　HTML文書でJavaScriptを記述するためには、scriptタグの開始タグと終了タグの間に記述します。また、外部のJavaScriptファイルを読み込むためにも、scriptタグが使われます。CSSの読み込みにはlinkタグが使われることと、混同しないように注意しましょう。

**問題9**　**解答：4**　（本文2-2-4）

**解説**　HTML文書で文章の構造を形作るタグには、ヘッダー情報を形作るheaderタグやフッター情報を形作るfooterタグなどがあります。そのほか、コンテンツを形作るためにsectionタグがあり、メインとなるコンテンツを指し示すためにmainタグがあります。終了タグは<の次に/とタグ名と>で閉じます。

**問題10**　**解答：2・4**　（本文2-3-2）

**解説**　HTML文書で画像を扱うタグはimgタグです。imgタグは終了タグがないタグで、画像がなかったときに表示されるalt属性や画像ファイルを指定するsrc属性を指定します。alt属性に指定された文字列はファイルがないときに表示される代替文字列や、音声読み上げソフトの読み上げ文言としても使われます。

**問題11**　**解答：1・4**　（本文2-3-2）

**解説**　HTML文書に組み込める画像ファイルは、Webブラウザの実装に依存しますが、現状かなり多くの種類が対応しています。その中でも、写真などの色数の多い画像は、JPEG(JPG)形式またはPNG形式がサイズも小さくなるため扱いやすいでしょう。

**問題12**　**解答：3**　（本文2-3-5）

**解説**　HTML文書にほかのサイトのHTMLを組み込む用途には、iframeタグが使えます。iframeタグは一時期敬遠されていましたが、Google Mapなどのほかのサイトの内容を自分のページへ組み込む用途が広がり、非推奨が解除されたため、一般的に使われるようになりました。

**問題13**　**解答：2・4**　（本文2-4-1）

**解説**　HTML文書でデータ送信に使うフォームの部品であるinputタグは、入力内容の説明文が必要となります。説明文だけ記述すると、説明文とinputタグとの関連がわからないため、labelタグを使って説明文とinputタグを関連付ける方法が2つあり、labelタグのfor属性とinputタグのid属性を同じ指定とするか、inputタグをlabelタグで挟みます。

**問題14**　**解答：1・3**　（本文2-4-1）

**解説**　HTML文書でデータ送信時に使う各種ボタンは、inputタグまたはbuttonタグのtype属性をbuttonやclear、submitとして表現できできます。type属性の指定で、clearはフォームを初期化し、submitはformタグのaction属性で指定したURLへデータを送信します。

**問題15** **解答：2** （本文2-4-3）

**解説** HTML文書でデータ送信時にユーザには内容を見せずにデータを送りたいことが多々あります。複数ページをまたいでデータを送信するときに、Webサーバのプログラム言語でinputタグのtype属性にhiddenを指定すると、ユーザに内容を見せずにデータ転送できます。

**問題16** **解答：4** （本文2-4-3）

**解説** HTML文書でデータ転送に使う部品は、placeholder属性に指定した文字列をデータ入力前のヒントとして、たとえば、inputタグのテキストボックスなどに表示できます。部品に実際のデータを入力すると、placeholder属性で指定した文字列は消えます。

# 第3章　CSS コンテンツ スタイリング　演習問題　解答・解説

（表記例）「3-1-1」は第3章第1節第1項を指す。

**問題1**　解答：1・2・4　（本文3-1-1）

**解説**　CSSの記述方法は、各タグのstyle属性に直接記述したり、styleタグの間に記述したり、linkタグで外部ファイルを読み込んだりします。適用される順番は、「style属性に直接記述、styleタグの間に記述、linkタグで読み込み」となります。同等の指定方法で複数指定した場合は、最後の指定が適用されます。

**問題2**　解答：2　（本文3-1-1）

**解説**　CSSの指定でlinkタグを使って外部のリソースを読み込むときに、href属性で読み込むファイル名（URL）を指定します。imgタグで使われている1.のsrc属性と区別しましょう。

**問題3**　解答：3　（本文3-1-1）

**解説**　CSSの指定でlinkタグを使うとき、どこに書いても読み込まれはしますが、headタグの開始タグの<head>要素と終了タグの</head>要素の間に書くと後々にも再確認しやすいため、推奨されています。

**問題4**　解答：2・4　（本文3-2-1）

**解説**　CSSの記述でどこに適応するか指定するセレクタの問題です。前に記号が付かないspanはspanタグの指定で、前に#記号が付く#ladyはid属性がladyのタグとなります。spanタグでid属性がladyという指定ですが、このidセレクタは全体で1つのため、タグ名を省略可能です。

**問題5**　解答：3　（本文3-2-1）

**解説**　CSSの記述でclassセレクタの問題です。divタグでのセレクタ指定はdivで、class属性がboxの場合は、divの後に.boxが付いてdiv.boxとなります。classセレクタはidセレクタと違い、タグ名を省略すると予期しない結果となる場合があるため、気をつけましょう。

**問題6**　解答：2　（本文3-2-2）

**解説**　CSSの記述でセレクタを指定するときに2つのセレクタの間に>を入れると、直属の子となりますが、>を挟まずに並べると親とその子孫の指定となります。この問題では、divタグでid属性がbig（#はid属性を指し示す）の子孫で、spanタグでclass属性にsmallを含む（. はclass属性を指し示す）タグとなります。

**問題7**　解答：4　（本文3-2-4）

**解説**　CSSの記述は3種類の方法がありますが、同じ方法で複数指定されている場合は最後の記述が適用されます。この問題では、pタグに適用されるcolorプロパティの値は最後に書かれているpurple（紫）となります。

**問題8** **解答：4**（本文3-3-1）

**解説** CSSで高さを表すのには、画面上のドットであるピクセル単位のpxが多く使われていました。しかし、相対的に切り替えられるレスポンシブデザインが人気となったため、横幅や縦幅の％や全体のパーセント表示である、vw（横幅に対しての比率）や1. のvhという単位が使われるようになっています。

**問題9** **解答：2・3**（本文3-3-2）

**解説** CSSのカラー指定は、#と16進数8桁の数値で、256×256×256パターンと透明度（0〜255）を組み合わせた色が指定でき、16進数8桁は左からR（赤）が2桁、G(緑)が2桁、B（青）が2桁です。またrgba（赤、緑、青、透明度）を使うと、透明度（0:透明〜1.0:不透明）の色を表せます。

**問題10** **解答：1**（本文3-3-3）

**解説** Webクライアントの環境にフォントがあるか(または埋め込まれているか)によりますが、CSSでフォントを指定することもできます。一般的に、等幅フォントはmonospace、セリフの付いたフォントはserif、セリフの付かないフォントはsans-serifとなります。

**問題11** **解答：3**（本文3-3-3）

**解説** CSSでHTMLタグのリストの前に付く記号や数字を指定するのは、list-style-typeプロパティです。漢数字の一、二、三、……を項目の前に表示したいときは、値としてcjk-decimalを指定します。1.のupper-romanは大文字のローマ数字、2.のlower-romanは小文字のローマ数字、4.のdecimal-leading-zeroは前に0が付いた数字となります。

**問題12** **解答：1・2・3**（本文3-2-1、3-4-1）

**解説** CSSでは、HTMLの文字列の周りはpadding領域、その外側はborder領域（枠線）、そのさらに外側はmargin領域となります。marginやpaddingは、上下左右の4つサイズを違う値として指定する以外に、「上、左右、下」「上下、左右」「上下左右同じ」の組み合わせも指定可能です。

**問題13** **解答：3**（本文3-4-1）

**解説** CSSでテキストなどのコンテンツの周りに線を引く場合は、borderプロパティで指定します。borderプロパティは3項目（線の太さ、線の種類、線の色の順）の値を指定します。この問題の2pxは2ピクセルで、点線はdotted、灰色はgrayとなります。なお、dotted（点線）と2. 4. のdashed（破線）は違うものです。

**問題14** **解答：2**（本文3-4-2）

**解説** CSSでpositionプロパティの初期状態はstaticで、子要素が書かれた順（左上寄せ）に並びます。positionプロパティの指定を変えると、右寄せ以外にも、左寄せ下寄せ、固定位置に表示し続けることなどもできます。

**問題15**　**解答：4**　（本文3-4-3）

**解説**　CSSで画像とテキストが並ぶ場合、テキストを画像の左に回り込ませるか、右に回り込ませるかの指定にfloatプロパティを使います。回り込みの指定は続くため、途中で左右への回り込みを止めて順番表示するのであれば、clearプロパティをbothと指定します。

**問題16**　**解答：3**　（本文3-4-4）

**解説**　HTMLのタグはCSSのdisplayプロパティの初期値によって、横幅いっぱいに表示されるblockとコンテンツ（タグに含まれる文字列や画像など）の実寸サイズになるinlineの2つに大きく分けられます。pタグのdisplayプロパティの初期値はblockとなります。

# 第4章　JavaScript プログラミング　演習問題　解答・解説

（表記例）「4-1-1」は第４章第１節第１項を指す。

**問題1**　解答：１・４　（本文4-1-1）

**解説**　JavaScriptの記述は、scriptタグのsrc属性で指定した外部ファイルを読み込んだり、scriptタグの開始タグと終了タグの間に記述したりすることができます。HTML5登場時期まではheadタグでの記述が一般的でしたが、最近ではbodyの終了タグの前に記述する傾向があります。また、HTMLタグのonClick属性にも記述可能です。

**問題2**　解答：３　（本文4-1-1）

**解説**　JavaScriptの読み込みには、scriptタグのsrc属性でファイルやURLを指定します。1.のasync属性や2.のdefer属性は、JavaScriptを読み込む順番やタイミングを指定する属性となり、4.のtype属性はファイルの種類を表すMIMEタイプを指定します。

**問題3**　解答：１・４　（本文4-1-2）

**解説**　JavaScriptの基本的な記述やコメントの書き方の問題です。JavaScriptは1文、または、最後の1文は;を省略することができます。4.は//の後ろがコメントとなるため、その前は1文だけとなり;が省略できます。ただし、安易に;を省略せずにしっかり書くほうが、後々のバグを招きにくいでしょう。

**問題4**　解答：２・３　（本文4-2-1）

**解説**　JavaScriptではプログラムに使う変数を定義できます。JavaScriptは未定義の変数を使えるとはいえ、varによるグローバル変数の定義に始まり、しだいにletによるローカル変数の定義が一般的となりつつあります。1.のconstは定数定義です。4.は文字列が'で囲まれていないため誤りです。

**問題5**　解答：２　（本文4-2-1）

**解説**　JavaScriptの変数定義はletを使うとローカルの変数となり、変数定義が関数などの「{」と「}」に囲まれていれば「{」と「}」の中だけで変数が有効で、「{」と「}」の外へプログラムが進むと変数はなくなります。一方、varを使って変数を定義するか、または、未定義で変数を使い始めると、グローバルな変数となりどこでも参照できます。

**問題6**　解答：１・３　（本文4-2-3）

**解説**　JavaScriptで変数を定義するには、letやvarを使います。数値を割って商を求める演算子は/となり、2.と4.の%は割った余りを求める演算子です。演算子と代入のイコールが続いた/=は左側の項目を右側で割った商を左側の変数へ代入します。%=は左側を右側で割った余りを左側の変数へ代入します。

**問題7**　解答：2　（本文4-2-3）

**解説**　JavaScriptの関数は、戻り値をreturn文で返しても返さなくてもいいのですが、戻り値を返さない関数を変数などに代入すると、undefinedという値が変数に代入されます。

**問題8**　解答：4　（本文4-2-4）

**解説**　JavaScriptで変数以外に複数のデータをまとめて管理できる配列という概念があります。配列の初期化はデータを「,」で区切って並べて「{」と「}」で囲みます。配列を定義するときにletやvarを前に付けると変数と同じく使用前の定義となります。

**問題9**　解答：4　（本文4-2-5）

**解説**　JavaScriptの演算子の＋は基本的に数字の加算となりますが、前後のどちらか一方が文字列の場合は、数字は文字列へ変換されて、文字列と文字列の連結となります。この問題で、最初の1+2は加算され3となり、文字列の'～'と3は連結されて文字列となり、以降の解釈も連結されて文字列となります。

**問題10**　解答：2　（本文4-3-2）

**解説**　JavaScriptで || は「または」を意味する論理演算子です。variable < 0は変数variableがマイナスの数（0未満）、100 < variableは変数variableが100より大きい数のため、交わらない範囲のどちらかを満たしていればtrueとなります。

**問題11**　解答：3　（本文4-3-5）

**解説**　JavaScriptで繰り返し処理を記述するfor文は、;で区切って条件変数の初期化をし、条件判定の式と条件変数の更新を記述することで指定回数の繰り返しができます。この問題では、if文で変数iが5のときにbreak文でfor文から抜け出します。

**問題12**　解答：1・4　（本文4-3-6）

**解説**　JavaScriptは関数を作り、繰り返して書くソースコードの再利用が可能です。また、関数を作ることで、ソースコードが短くなるためソースコードのファイルをダウンロードして読み込む時間が短縮できます。さらに、JavaScriptがインタプリタ言語のため、実行時の変換時間も節約できます。

**問題13**　解答：4　（本文4-1-2、4-4-2）

**解説**　JavaScriptでWebブラウザのオブジェクトを探すには.や#を使いますが、inputタグのname属性がtextのオブジェクトはinput[name="text"]と指定します。

**問題14**　解答：1　（本文4-4-2）

**解説**　JavaScriptでDOM（Document Object Model）を経由してWebブラウザに文字列を表示する簡単な方法は、getElementById関数の利用です。getElementById関数にはid属性の値（文字列）を引数にします。取り出したオブジェクトのコンテンツ部分は、innerHTMLに代入します。

**問題15** 解答：２ （本文4-4-2）

**解説** JavaScriptでDOM経由を経由してWebブラウザにアクセスするには、querySelectorやquerySelectorAllの利用が適しています。querySelectorAll関数にclass属性の値を指定するには、class属性の値の前に「．」を付けます。

**問題16** 解答：２ （本文4-4-4）

**解説** HTML文書のbuttonタグやinputタグのクリックなどのイベントからJavaScriptを呼び出すには、対応するタグのonClick属性に直接JavaScriptを記述します。この問題では、document.Selector()関数でbodyタグのオブジェクトをクリアしています。

## 第5章　Node.jsサーバプログラミング　演習問題　解答・解説

（表記例）「5-1-1」は第5章第1節第1項を指す。

**問題1**　解答：install　（本文5-1-4）

**解説**　npmのサブコマンドで、モジュールを追加（＝インストール）するのは、installです。npmはNode Package Managerの頭文字を意味しており、文字どおりNodeのパッケージ管理を行います。npm単体でNodeのプログラムを動かす能力はなく、あくまでパッケージ管理に特化したコマンドです。そのほかに、以下のようなサブコマンドがあります。

npm uninstall モジュール名

npm remove モジュール名（npm uninstallと同じく、パッケージ管理を行うコマンド）

npm rm モジュール（npm uninstallと同じく、パッケージ管理を行うコマンド）

npm init（モジュールの初期設定を行うコマンド）

**問題2**　解答：list　（本文5-1-4）

**解説**　サブコマンドlistで、モジュールの一覧を表示します。

**問題3**　解答：init（本文5-1-4）

**解説**　サブコマンドinitでモジュールの初期化を行います。npm init実行時に対話形式により、入力でモジュール（パッケージ）の設定が可能です。オプションにより、対話形式ではなく直接入力し、設定ファイルに反映させることも可能です。設定内容には、パッケージ名やバージョンなどのほかに、依存しているパッケージなどの情報も含まれます。

**問題4**　解答：node_modules　（本文5-1-5）

**解説**　アプリケーションを構成するのはプログラムですが、そのプログラムがすでにある便利なプログラム群を利用することがあります。それをモジュール（パッケージ）と呼びます。モジュールは利用される（呼び出される）こともあります。また、そのモジュールがさらに別のモジュールに依存していることもあります。それらをダウンロードして、保存しておくのはnode_modulesというディレクトリです。プロジェクトのトップディレクトリに存在します。

**問題5**　解答：res.json()　（本文5-2-1）

**解説**　レスポンスオブジェクトでレスポンスを返すメソッドの種類は、以下のようなものがあります。

res.send()：さまざまなタイプのレスポンスを返す

res.render()：テンプレートをレンダリングしてレスポンスを返す

res.sendFile()：ファイルを送信する

**問題6**　解答：app.get　（本文5-2-1）

**解説**　Expressのオブジェクトappを作成した場合、GETメソッドでリクエストを受け付けた際に動作する内容を記述するのは、app.get()です。なお、POSTメソッドでリクエストを受け付けた際に動作する内容を記述するのは、app.post()です。

**問題7**　解答：3　（本文5-2-2）

**解説**　1. の <% ..... %>は、内部にJavaScriptを記述します。2. の <%= ..... %>は、エスケープして出力します。3. の<%- ..... %>が正解で、エスケープせずにそのまま出力します。4. の<%# ..... %>は、コメントとして利用します。<%- ..... %>は、説明のとおりエスケープせずにそのまま出力するため、出力する内容にFormで渡されたデータがあった場合などに、その内容にJavaScriptを仕込むことができます。注意することは、JavaScriptがそのまま出力されると、受信側のブラウザで動作し、XSSやCSRFのトリガーになってしまうことです。通常、出力を行うのは、<%= ..... %>を利用すると覚えておいてください。やむを得ないときのみ、<%- ..... %>を利用します。

**問題8**　解答：1・3　（本文5-3-2）

**解説**　1. のテーブル名は、テーブルを作成するうえで必須です。2. のキーは、必須ではありませんが、通常、データベース上にテーブルを作成するときは主キーが存在します。3. の列名は、列を作成する際に付与する必要があります。4. の制約は、列やテーブルに対してデータの信頼性を高めるために設定することができますが、まったく設定しなくてもテーブルを作成することは可能です。

**問題9**　解答：%okada%　（本文5-3-3）

**解説**　%は任意の文字列を示すワイルドカードで、%okada%とすることで「okadaという文字列の前後に任意の文字列が入る＝okadaという文字が含まれる」という意味になります。同じワイルドカードに、「 _ 」（アンダーバー）がありますが、こちらは任意の1字を意味するため、文字数が確定している場合は「 _ 」（アンダーバー）を利用します。

**問題10**　解答：3　（本文5-3-3）

**解説**　1. の selectは、データを検索します。2. の insertは、データを挿入（作成）します。3. のupdateが正解で、データを更新する際に利用します。必要な列とそのデータを記載するだけで更新できますが、条件節を指定しないと全件更新してしまうため、注意が必要です。4. のdeleteは、データを削除します。

**問題11**　解答：between　（本文5-3-3）

**解説**　列名 between A and Bで、列名がAとBの間の値であった場合、true（真）になります。AやBは、整数や小数のほか、日付や時刻の指定をすることも可能です。

**問題12**　解答：each　（本文5-3-4）

**解説**　eachを実行すると、実行結果を1行ずつ取得することが可能です。似たような処理を行うメソッドに、all() が存在します。ただし、all() は実行結果をすべて取得するため、取得件数が非常に多かった際にはメモリを大量に消費します。1行ずつ取得し、メモリ消費節約の役に立つのがeach() メソッドです。

## 第6章　Web Development Essentials 模擬試験問題　解答・解説

（表記例）「1-1-1」は第1章第1節第1項を指す。

**問題1**　解答：2　（本文1-1-8）

**解説**　プログラミング言語はコンパイル型言語とインタプリタ型言語があります。1.のC言語はコンパイル型言語で、2.のJavaScript、3.のPython、4.のPHPはインタプリタ型言語ですが、Webブラウザ上で動くのはJavaScriptだけです。パソコンの処理速度が速くなったことが、インタプリタ型言語の普及を後押ししています。

**問題2**　解答：3　（本文1-2-6）

**解説**　Webサービスでさまざまな機能がWeb APIとして公開されています。Web APIの作り方として1.のRESTと3.のGraphQLという規格があります。GraphQLは、クライアントが定義した形のデータをサーバからクライアントへ返すようになっています。

**問題3**　解答：1　（本文1-2-9）

**解説**　Webサーバで、単体のプログラムが実行されているページをシングルページアプリケーション(SPA）と呼びます。SPAはWebサーバで動くPHPのようなプログラムとWebクライアントに読み込まれたJavaScriptが連携してサービスを提供します。

**問題4**　解答：3　（本文1-3-1）

**解説**　Webサーバへアクセスすると、Webサーバのアクセス状況をWebクライアントへ返します。アクセス状況は番号と英文の組が返信され、アクセスが成功したときは200 OK、ファイルがなかったときは404 File not foundなどが返ります。

**問題5**　解答：4　（本文1-3-1）

**解説**　Webサーバのアクセス状況の返答には、リクエストがないためキャッシュで対応する304 Not Modified、リクエストの記述が無効の400 Bad Request、サーバ内でプログラムエラーが出た500 Internal Server Errorなどがあります。

**問題6**　解答：2　（本文1-3-4、1-3-10）

**解説**　Webサーバが提供するセキュアな通信はHTTPS（Hypertext Transfer Protocol Secure）で、SSL/TLSプロトコルを使って送信データの暗号化・改ざん検出などに対応しています。SLL/TLSプロトコルでなりすまし、中間者攻撃、盗聴などの攻撃を防げます。

**問題7**　解答：3　（本文2-1-3）

**解説**　HTML文書でheadタグは、メタ情報を記述するためのタグです。headタグの開始タグと終了タグの間には、メタ情報となるmetaタグや、タイトルとなるtitleタグ、内部CSSを記述するstyleタグ、外部CSSファイルを読み込むlinkタグを記述します。

**問題8** 解答：2・3・4 （本文2-1-5）

**解説** HTML文書でheadタグの開始タグと終了タグの間に記述するmetaタグは、メタ情報を記述するためのタグです。文字エンコーディング、ドキュメントの作成者、ドキュメントの内容の説明、検索に使われるキーワード、ページのリロードの時間、ほかのサイトへのジャンプ指定が記述可能です。

**問題9** 解答：1・3 （本文2-2-3）

**解説** HTML文書のタグは、画面横幅いっぱいに表示されるブロック要素と、内包する文字列などのコンテンツのサイズ分の幅で表示されるインライン要素に大きく分けられます。初期状態がブロック要素となるタグとしては、divタグやh1～h6タグやpタグなどがあります。

**問題10** 解答：2 （本文2-2-4）

**解説** HTML文書のタグでセマンティクスなタグ、つまり、かたまりに意味や目的を持たせるタグとしてsectionタグやmainタグなどがあります。その中で、普通のコンテンツを囲むのがsectionタグで、HTML文書の中心となる部分を囲むのがmainタグです。

**問題11** 解答：4 （本文2-3-2）

**解説** HTML文書のimgタグはsrc属性で画像ファイルのURLを指定します。../../logo.pngというファイルがsrc属性に指定された場合は、元ファイルの2つ上のディレクトリのため、元ファイルの/faq/training/index.htmlから/faq/trainingを取り除いた「/」にlogo.pngを付けた/logo.pngとなります。

**問題12** 解答：1 （本文2-3-4）

**解説** HTML文書でオーディオはaudioタグ、ビデオはvideoタグで指定が可能です。audioタグとvideoタグのpreload属性は事前準備を設定でき、metadadaであればメタデータ（作成者や作成時間などの情報）を読み込み、autoであればファイル全体を読み込みます。

**問題13** 解答：2・3 （本文2-4-3）

**解説** HTML文書のフォーム部品で数値を指定できる部品として、type属性が2.のrangeや3.のnumberのものがあります。rangeはスライダーで数値の指定も可能ですが、numberは数字しか入力できないテキストボックスです。

**問題14** 解答：4 （本文2-4-1）

**解説** HTML文書のフォームでデータ送信をする方式として、POSTメソッドとGETメソッドの2つの方式があります。POSTメソッドを使うと、WebクライアントがWebサーバへデータ要求する命令の後にサーバへ渡すヘッダー情報を送り、その後に続けてフォームの送信データが送られます。

**問題15**　**解答：1・3**　（本文3-3-3）

解説　CSSでタグの背景色を指定するには、background-colorプロパティまたはbackgroundプロパティに色を指定します。灰色の英語名はgrayと定義されています。backgroundプロパティは背景色以外にbackground-?に当たる?にimageやrepeatなどにも対応します。

**問題16**　**解答：4**　（本文3-1-3）

解説　CSSでコメントを記述するには、多くのプログラミング言語にある/*と*/で囲みます。囲んでいる範囲の外側をさらに囲んだり、囲みがクロスしたりすると、途中でコメントが終わって意図していない解釈をされてしまいます。したがって、二重に囲んだりクロスしたりしないように注意しましょう。

**問題17**　**解答：2**　（本文3-2-3）

解説　CSSのクラス指定には、クリックされているなどの状態を意味する擬似（pseudo）クラスがあります。aタグに付けられる擬似クラスは、link、visited、hover、activeの順番に記述しないと動作しないため、注意が必要です。

**問題18**　**解答：4**　（本文3-2-4）

解説　CSSが適用されるときには優先順位があります。優先順位として、タグのstyle属性に記述されたものが一番高く、styleタグ、linkタグに記述されたものの順番に読み込まれます。同じ順位の場合は、最後に指定された記述が適用されます。

**問題19**　**解答：3**　（本文3-3-3）

解説　CSSでフォントのサイズを指定するには、font-sizeプロパティを使います。フォントサイズは、ピクセル単位での指定も可能ですが、HTML5となって以降は解像度に柔軟なレスポンシブデザインが取り入れられたことも影響し、xx-smallやlargerなどの相対的な指定をする傾向があります。

**問題20**　**解答：4**　（本文3-3-2）

解説　CSSでカラーを指定するとき、名前以外に数値での記述ができます。数値指定する場合は、#の後に6桁の数字を記述し、最初の2桁がR（赤）、次の2桁がG（緑）、最後の2桁がB（青）で、それぞれの色の強さを00～FFと記述します。#FFFFFFはすべての色が最大値となるため、白になります。

**問題21**　**解答：2**　（本文3-4-3）

解説　CSSでコンテンツの回り込みを指定するには、floatプロパティを使います。自分を左に寄せて未指定のタグを右へ回り込ませるには、floatプロパティにleftを指定します。逆に、右に寄せて未指定のタグを左へ回り込ませるには、floatプロパティにrightを指定します。

**問題22** 解答：1 （本文3-4-5）

**解説** CSSで複数の並んだタグを程よい比率に振り分けるには、親タグのdisplayプロパティをflexとします。displayプロパティをgridにしてgrid-template-columnsを指定すれば、振り分ける比率（各横幅の比率）を指定することも可能です。

**問題23** 解答：1 （本文4-2-1）

**解説** JavaScriptで変数の宣言はletやvarを使い、定数の定義はconstを使います。定数の初期化で文字列を代入するには、「＝」の後に「'」（シングルクォート）で囲んだ'わーるど'を置き、最後は「；」（セミコロン）で終わらせます。

**問題24** 解答：3 （本文4-1-5）

**解説** JavaScriptで「console.log(12 * "文字列") ;」を実行させると、（と）の間の「12 * "文字列"」を求めてコンソールへ表示しようとします。このとき、数字の12と文字列の"文字列"を掛け算することとなり、数値と文字列は掛け算ができないため、計算結果はNaNとなります。

**問題25** 解答：2 （本文4-2-1）

**解説** JavaScriptでconstから始めるのは定数の定義のため、1.と3.は誤りです。「[」と「]」で囲まれた4.は配列を定義していますが、定数の配列であり連想配列の定義ではないため誤りです。

**問題26** 解答：4 （本文4-2-3）

**解説** JavaScriptで 1 > 5 という式を変数に代入したときの値は、false（変数）となります。この変数の型はbooleanです。

**問題27** 解答：1 （本文4-3-2）

**解説** JavaScriptで「variable>0」は変数variableが0より大きいことを意味し、「&&」は「かつ」を意味し、「variable<100」は変数variableが100未満ということを意味します。2つの条件を「かつ」でつなげるため、0より大きくて100未満の数という判定式になります。

**問題28** 解答：2 （本文4-3-5）

**解説** JavaScriptでwhile文は「（」と「）」の間の条件の間は繰り返すため、変数jがtrueの間は何回でも繰り返します。ただし、console.log() 関数で'せかい'という文字列を1回表示した後に、変数jにfalseを代入してcontinueでwhileへ戻るため、2回目のループは実行されません。

**問題29** 解答：3 （本文4-3-6）

**解説** JavaScriptで「Uncaught Reference Error」と、関数呼び出しの行でエラー表示されるのは、変数未定義ではなく関数が宣言される前に呼び出されたエラーです。JavaScriptの関数定義は、呼び出し前でも呼び出し後でも使えるため、関数定義が読み込まれる前に呼び出されたエラーです。

**問題30**　**解答：1**　（本文4-3-6）

**解説**　JavaScriptで独自関数を定義するにはfunction文を使い、関数の結果を返すにはreturn文を使います。結果に値や文字列が返るようにするにはreturnの後を数値や文字列とし、空白の後にnum変数を掛けます。選択肢の中で掛けられる項目は1.のanswerという変数だけです。

**問題31**　**解答：2**　（本文4-1-2）

**解説**　JavaScriptでWebブラウザのタグをアクセスするには、documentオブジェクトのquerySelector() メソッドを呼び出します。querySelector() の引数に#textと記述されているため、id属性がtextのタグを指し示すオブジェクトを探します。

**問題32**　**解答：2**　（本文4-4-2）

**解説**　JavaScriptでdocumentオブジェクトのgetElementsByClassName() メソッドを呼び出して、class属性にblueを含む複数のタグを探します。戻ってきた複数のタグはfor～of文で個別に処理され、style属性にblueが含まれるタグの背景色を赤くします。

**問題33**　**解答：2**　（本文5-1-4）

**解説**　1. のnodeコマンドは、プログラムの実行に利用します。2. のnpmコマンドが正解で、モジュール操作で利用します。3. のnoidejsというコマンドは存在しません。4. のrpmは、RedHat Linux系のLinuxパッケージを管理するコマンドです。

**問題34**　**解答：2**　（本文5-2-2）

**解説**　3. が正解で、エスケープせずそのまま出力します。1. は、内部にJavaScriptを記述します。2. は、エスケープして出力します。4. は、コメントとして利用します。

**問題35**　**解答：1**　（本文5-1-4）

**解説**　1. のnodeコマンドが正解で、nodeコマンドに対象プログラムをオプションで指定することで、そのプログラムを実行することができます。2. のnpmコマンドは、モジュールに関する操作を行います。3. のnoidejsというコマンドは存在しません。4. のrpmは、RedHat Linux系のLinuxパッケージを管理するコマンドです。

**問題36**　**解答：4**　（本文5-2-2）

**解説**　1. のtemplate、2. のtemplate engine、3. のviewsは存在しません。4. のview engineが正解で、Node.jsにはejs以外のテンプレートエンジンも存在するため、その場合は'ejs'の部分を変更して指定します。

**問題37** **解答：2**（本文5-2-2）

**解説** 1. の「そのモジュールが利用する、ほかのモジュールファイル」は、node_modulesの説明です。2. の「Expressが利用するテンプレートエンジンのテンプレートファイル」が正解で、viewsにはテンプレートファイルなどを格納します。3. の「Node.jsが作成する実行プログラム」は、存在しません。4. の「そのモジュールの設定ファイル」は存在せず、設定を行うpackage.jsonファイルの説明です。

**問題38** **解答：where（大文字・小文字は問わない）**（本文5-3-3）

**解説** 条件節を記載するのに、キーワードwhereを利用します。SQLは、基本的に大文字や小文字を区別しないため、大文字・小文字は問いません。where以下の条件節がないと、条件がない＝全件が対象になり、データに大きな変更が出てしまうため、操作に注意が必要です。

**問題39** **解答：2**（本文5-3-3）

**解説** 1. のopenと3. のnewは、データ操作のSQL文では利用しません。2. のintoが正解で、insertに続きます。4. のsetは、update文で利用します。

**問題40** **解答：3**（本文5-3-3）

**解説** 1. のnewは誤りです。2. のinsertは、データを挿入（作成）するSQLの命令ですが、テーブル作成のためには利用しません。3. のcreateが正解で、テーブルを作成するときは、create table文を利用します。4. のopenは誤りです。